思源学术文库

时滞生物系统的时空动力学

李静 著

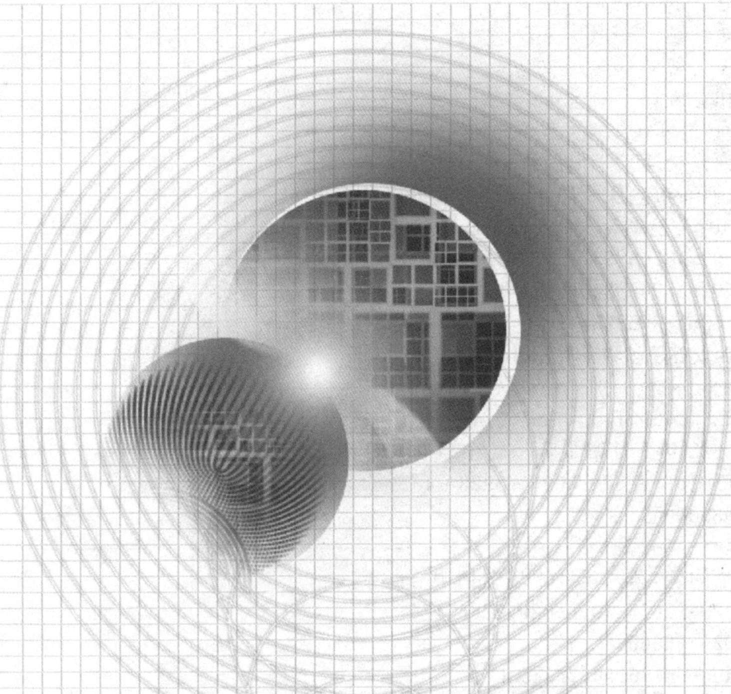

西安交通大學出版社
XI'AN JIAOTONG UNIVERSITY PRESS

内容简介

本书聚焦于具有时滞特征的生物系统建模及其时空动力学行为的系统研究。书中依次构建了三类时滞生物系统动力学模型，并系统地运用稳定性理论、分岔理论及斑图动力学理论深入探讨了模型所呈现的时空动力学行为。最后利用数值模拟对结果进行了有效验证。

本书内容兼具理论深度与应用广度，可作为应用数学、生态学及公共卫生等相关专业的高年级本科生或研究生的教学用书，亦可为从事生物数学及相关交叉学科的研究人员提供有益借鉴。

图书在版编目(CIP)数据

时滞生物系统的时空动力学 / 李静著. -- 西安 ：
西安交通大学出版社，2025.6. --(思源学术文库).
ISBN 978-7-5693-3928-4

Ⅰ. O412.1；O313

中国国家版本馆 CIP 数据核字第 2025MW5376 号

书　　名　时滞生物系统的时空动力学
SHIZHI SHENGWU XITONG DE SHIKONG DONGLIXUE
著　　者　李　静
责任编辑　李　颖
责任校对　王　娜
封面设计　伍　胜

出版发行　西安交通大学出版社
（西安市兴庆南路 1 号　邮政编码 710048）
网　　址　http://www.xjtupress.com
电　　话　(029)82668357　82667874(市场营销中心)
(029)82668315(总编办)
传　　真　(029)82668280
印　　刷　西安五星印刷有限公司

开　　本　720 mm×1000 mm　1/16　**印张**　9　**字数**　177 千字
版次印次　2025 年 6 月第 1 版　2025 年 6 月第 1 次印刷
书　　号　ISBN 978-7-5693-3928-4
定　　价　68.00 元

发现印装质量问题，请与本社市场营销中心联系。
订购热线：(029)82665248　(029)82667874
投稿热线：(029)82665397
读者信箱：banquan1809@126.com

前 言

绝大多数生物系统的发展变化具有两个显著特征:一是时滞效应,即系统的发展变化不仅依赖于当前的状态,还与过去的状态紧密相关;二是空间扩散效应,即无论是人类还是其他生物都生活在空间环境中,并在该空间中进行扩散。时滞和空间扩散的双重影响使得生物系统的动力学行为变得更加复杂。因此,采用时滞扩散模型不仅能够更加准确地刻画生物系统变化过程中的时空现象,还能为理解和控制各种生物现象提供理论支持。

本书旨在建立几类时滞生物系统的动力学模型,主要采用时滞扩散模型进行描述。通过运用稳定性理论、分岔理论及斑图动力学等方法,系统地研究这些时滞生物系统的时空动力学行为。作者自博士阶段起便专注于复杂生物系统的时空动力学研究,尤其在生物系统的斑图动力学和时空分岔分析等方面积累了丰富的研究经验,并取得了一系列重要成果,其中两篇论文入选"ESI(essential science indicators,基本科学指标数据库)高被引论文",博士学位论文获评山西省优秀博士学位论文。本书对作者的研究成果进行了系统整理和深入推广,旨在为相关领域的学者和研究人员提供有价值的理论参考和实践指导。

本书重点关注时滞生物系统的模型构建和时空动力学分析。组织结构如下:第 1 章简要介绍三类时滞系统、斑图动力学和周期振荡模式,并回顾该领域的国内外研究现状及发展动态。第 2 章重点讨论时滞传染病模型的建模思路和理论分析方法。第 3 章主要内容为传染病模型的具体构建及其斑图动力学,探讨了时滞效应在疾病传播中的作用及其时空行为。第 4 章深入研究了植被系统的构建,并分析了其周期振荡模式,揭示了植被种群在时滞和空间扩散共同影响下的变化。第 5 章侧重介绍时空时滞种群模型的构建与斑图动力学研究,探讨了种群在时滞和空间扩散共同作用下的复杂行为。

本书的出版得到了国家自然科学基金"具有非局部扩散的口蹄疫传播动力学建模与分析(12001340)"、"山财学者优秀青年人才计划"项目、山西省基础研究计划面上项目"具时滞种群扩散系统中关联图灵失稳的余维二分支研究

(202403021211004)”的资助，在此深表感谢。同时，衷心感谢靳祯教授、袁沅教授、孙桂全教授等学者在本书撰写和出版过程中给予的宝贵支持，感谢作者的学生王佳雪等人在书稿整理工作中提供的积极协助。鉴于作者水平有限，书中难免存在一些不足之处，恳请广大读者批评指正，以便进一步完善本书。

李 静

2024 年 10 月于山西太原

目 录

第1章 绪 论

1.1 时滞生物系统模型

生物系统一般从系统论的视角来分析生物体及其在生物界的作用。该系统将生物体中不同层次的结构视为相互关联的部分，其中微观层次包括呼吸系统、免疫系统、神经系统等部分；而宏观层次则涵盖传染病系统、生态系统等部分。生物系统的正常运作对于维护人类的生命健康、促进人类社会的可持续发展及维护自然界的和谐至关重要。一旦系统遭到破坏，其功能便会受到影响。例如，新型冠状病毒肺炎某一时期在全球流行；干旱、半干旱地区植被退化导致土地荒漠化现象愈发严重；整个珊瑚礁生态系统也正处于失衡状态，面临大规模的珊瑚白化问题。因此，针对生物系统从宏观层次开展研究，不仅对维护人类的生命健康具有重要意义，也对确保人类社会与自然界的持续发展至关重要。

为了更好地研究生物系统中存在的复杂现象，借助数学模型来刻画其内部的相互作用机制是必要的，这有助于分析系统的演化过程和变化趋势。当前的研究大多聚焦于常（偏）微分方程模型，但在某些具体应用场景中，上述模型尚不足以全面描述实际现象。例如，研究某一地区在某一时间节点的生育数量时，需要考虑10个月前怀孕人口的数量，这时就必须引入时间滞后（时滞）因素。具有时滞的微分方程模型能够反映在 t 时刻的变量的变化规律，这不仅依赖于 t 时刻的变量状态，还与其之前的状态相关[1]。例如，药效的滞后作用，开放三孩政策对人口出生率产生的滞后效应等。时滞现象广泛存在于传染病系统和生态系统中。在传染病系统中，易感者转变为有传染性的患者所需的潜伏期，以及感染者康复所需的康复周期，都是时滞的体现。在生态系统中，种群的繁殖妊娠期、个体成长的成熟期，以及植被种内竞争等均存在明显的时滞效应。因此，采用耦合时滞效应的微分方程模型来刻画生物系统的状态，能够更准确地反映实际情况，促进人们对复杂生物现象的理解和研究。

1.1.1 传染病模型

传染病是由病原微生物和寄生虫引起的疾病，能够在人与人、人与动物及动物与动物之间相互传播[2]。从古至今，各种传染病在人类社会中频繁流行，严重危害了人类的生命健康和社会的发展进程。黑死病自公元6世纪起在欧亚大陆多次流行，其中 14 世纪的大流行造成了大约 7500 万至 2 亿人的死亡，堪称人类历史上最致命的传染病之一。20 世纪初，全球范围内暴发的西班牙大流感使 10 亿人感染，近 4000 万人死亡[3]。2019 年底暴发的新型冠状病毒肺炎在全球范围内大流行，并伴随出现了多种变异毒株，导致 2020—2021 年全球人口的平均预期寿命缩短 1.6 年[4]。这些不断暴发的传染性疾病不仅严重威胁了人类的生命健康，还引发了广泛的社会恐慌，影响了社会经济的正常发展。因此，深入研究传染性疾病的传播机理和发展变化规律具有重要的理论意义和参考价值，将有助于降低传染性疾病对人类社会的危害，保障人类的身体健康和正常生活。

传染病在人群或者其他种群中的传播是一个复杂的过程。早在 1760 年，Bernoulli 利用数学方法研究了天花的传播[5]。随后，英国医生兼微生物学家 Ronald Ross 利用实验发现疟疾通过蚊子传播，并于 1902 年荣获诺贝尔生理学或医学奖[6]。1906 年，Hamer 通过建立离散时间模型探讨了麻疹的反复流行过程[7]。1927 年，Kermack 和 Mckendrick 提出了经典的 SIR 模型[8]，旨在分析特定地区流行的传染病。他们将所考察地区的人群或其他种群（如动物）划分为互不重叠的群体，用 S、I、R 分别代表易感（susceptible）者、染病（infected）者、康复（recovered）者这三个群体，然后应用这个模型来模拟传染病在人群中的传播动态。在 1932 年，他们进一步提出了 SIS（susceptible-infected-susceptible，易感-染病-易感）传染病模型，用来描述那些康复后的个体失去免疫力后重新成为易感者的情况[9]。

随着时间推移，对传染病的研究逐渐受到越来越多学者的密切关注，并取得了丰硕的研究成果。在研究突发性传染病时，通常假设这些传染病发生在封闭环境中，暴发时间比较短，且环境中的出生人数与死亡人数基本持平，因而可以忽略其出生死亡因素。在这种情况下，总人口或总种群数量被视为恒定的常数[10]。然而，对于一些在某一地区持续存在并已发展成为地方病的传染病，如手足口病、肺结核、艾滋病和出血热等，则需要考虑人口或者种群的出生死亡因素。此外，许多传染病（例如人畜共患病）不仅在人群中传播，还在动物种群中传播，如狂犬病、布鲁菌病、中东呼吸综合征和猴痘等，必须考虑不同种群之间的交叉传播。

在传染病传播过程中，易感者在感染后会经历不同的患病状态，如潜伏期、染病期和免疫期等。因此，利用时滞来描述这些状态阶段的变化具有重要的理论价值和现实意义。比如，为研究淋病的传播规律，Cooke 和 Yorke 提出了具有时滞的 SIS 传染病模型[11]：

$$\begin{cases} \dfrac{\mathrm{d}S(t)}{\mathrm{d}t} = -\beta S(t)I(t) + \beta S(t-\tau)I(t-\tau) \\ \dfrac{\mathrm{d}I(t)}{\mathrm{d}t} = \beta S(t)I(t) - \beta S(t-\tau)I(t-\tau) \end{cases} \tag{1.1}$$

其中，τ 表示个体从染病状态转变到康复状态所经历的时间(即染病期)，并验证了系统在特定阈值条件下的全局稳定性。Brauer 和 Castillo-Chavez 建立了具有免疫期时滞的 SIRS(susceptible-infected-recovered-susceptible，易感-染病-康复-易感)传染病模型[12]，发现时滞在一定条件下会使传染病的平衡点变得不稳定，诱发周期振荡现象。从流行病学角度来看，染病者数量的周期性波动使医院等部门难以合理地分配医疗资源。如果周期比较长，短期数据可能无法反映实际的疫情发展，进而影响有效地控制传染病。因此，越来越多的学者开始研究时滞对传染病传播规律的影响。

无论是人类还是其他生物种群，都生活在空间环境中，可被视为在此空间中扩散。许多传染性疾病，比如始于 2019 年 12 月的新型冠状病毒肺炎，在人员流动过程中通过多种交通工具迅速地将病毒传播至全球。然而，现有模型往往假设不同类别的种群在特定区域内均匀分布，这忽视了空间扩散对疾病传播的影响。因此，在传染病建模过程中，需要同时考虑时滞和空间扩散的因素，以便更准确地反映疾病的传播动态。

1.1.2　植被模型

干旱和半干旱地区约占地球陆地总面积的 41%，支撑着全球约 38%的人口，其中 90%的人口位于发展中国家[13]。随着全球气候变暖和人类活动的加剧，预计这些地区的土地退化面积将在未来几十年内持续增加。植被，作为覆盖地表的植物群落，被誉为生态系统工程师，在涵养水源、调节气候和改善环境等方面发挥着至关重要的作用，是干旱和半干旱地区生态系统的主体，其生长规律、生物量覆盖度及空间分布模式可以作为生态系统恶化或者向好的早期指标。本-古里安大学的 Yizhaq 等证实，呈现空间规律分布的植被比随机分布的植被具有更强的生长能力，这表明植被斑图蕴含着重要的实用价值[14]。乌得勒支大学的 Kefi 等发现，当植被斑图的斑块分布符合幂率分布时，植被系统更容易发生灾难性崩溃，导致荒漠化的出现[15]。这些研究结果表明，对干旱和半干旱地区植被系统的研究具有重要的实际意义。

植被的生长离不开水资源，若土壤中水分过少会抑制植被的正常生长。同时，植被在一定程度上能够减少水分的蒸发并促进水资源的重新分布。在干旱和半干旱地区，水资源已成为影响植被系统恢复和重建的主要因素。借助数学模型研究植被与水资源之间的作用机制，引起了生态学家和数学家的广泛关注。1999 年，Klausmeier 在《科学》(*Science*)杂志上首次提出利用反应扩散对流方程构建包含植被和水的两变量动力学模型，以解释大尺度条状斑图和不规则斑图形成的原因[16]。Hardenberg 等构建了一个考虑霍林Ⅱ(Holling-Ⅱ)型反应项的植被-水模型，通过该模型重现了在干旱和半干旱地区观察到的点状、条状和带状斑图现象，并发现了这些斑图之间的相变规律[17]。Hille Ris Lambers 等通过将水资源分为地表水和土壤水，构建了一个三变量的植被-水模型，以研究干旱放牧系统中植被斑图的形成机制[18]。之后，Tarnita 等利用该模型提出了纳米比亚自然保护区出现“精灵圈”现象的形成机制[19]。后续的植被动力学模型还考虑了多种因素，包括耦合水的线性或非线性扩散[20]、植被种子的非局部扩散[21]、交叉扩散[22]、植被与水之间的非局部作用[23-25]、放牧因素[26-28]、降雨的季节性[29-30]、其他气象要素[31-33]，以及人类活动[34]的影响。这些改进使得模型更加全面，能够更准确地反映植被与水资源之间的复杂相互作用。

目前，植被动力学模型的建模主要基于反应扩散类方程，通常忽略了时滞因素的影响。然而，植被的种内竞争在幼年期与成年期之间是普遍存在的，因此在建模时需考虑种内竞争时滞。此外，水资源从土壤渗入到植被根部被吸收的过程也存在一定的时间滞后性，即渗透时滞。因此，植被动力学模型的构建不能忽视时滞效应。基于广义克劳斯迈尔-格雷-斯科特（Klausmeier-Gray-Scott）模型，笔者及其合作者建立了一个具有渗透时滞的植被-水模型，研究表明，时滞会诱导植被变化呈现周期振荡模式[35]。之后，笔者陆续构建了系列耦合转化时滞[36]和具有种内竞争时滞效应的植被-水模型[37]。研究结果表明，种内竞争时滞会导致植被系统提前经历稳定性切换，呈现从植被斑图态直接转变为荒漠态的情况。

1.1.3 种群模型

在一定时间内聚集于特定区域的所有生物种群的全体称为生物群落。其中，最简单的生物群落是由两个种群通过特定的相互作用形成的，这些相互作用关系主要包括竞争、捕食、互惠共生和寄生关系。当生物群落中的种群之间存在捕食关系时，就形成了捕食系统。如果某些物种增长过快或减少过多，甚至灭绝，可能会对捕食系统甚至生态系统造成严重破坏。因此，研究种群生态系统的发展演化过程显得尤为重要。通过对这一现象的深入认识与研究，人类能够更好地理解物种之间的相互作用及其发展规律，从而为保护生物多样性和维持生态平衡奠定理论基础。

1798 年，英国学者 Malthus 基于对人口增长趋势的观察和理论推导，建立了著名的马尔萨斯人口模型[38]。1838 年，比利时学者 Verhulst 修正了马尔萨斯模型，克服了其局限性，建立了著名的逻辑斯蒂模型[39]。美国生态学家 Allee 发现，当生物群聚集且种群密度处于某个适宜范围时，其种群数量能够持续增长；而当种群密度过低或者过高时，都会导致种群数量出现负增长，这一现象被称为阿利效应[40]。

实际上，许多物种生活在同一自然环境中，并且它们之间相互作用和影响。因此，仅仅讨论某一生物种群的变化规律是不够现实的，需要对这些相互作用的种群进行综合研究，并厘清它们之间的相互关系，这就需要建立多种群模型。1926 年，意大利数学家 Volterra 在研究鱼类竞争时提出了一个关于被捕食者（亦称为食饵）与捕食者之间相互作用的两种群模型[41]。同一时期，美国生态学家 Lotka 在研究化学反应时也提出了同样的模型[42]。后人将这类模型统称为洛特卡-沃尔泰拉（Lotka-Volterra）捕食者-被捕食者模型。1960 年，Leslie 和 Gower 在 Lotka-Volterra 模型的基础上，提出了经典的莱斯利-高尔（Leslie-Gower）捕食者-被捕食者模型，旨在描述环境对捕食者的承载能力依赖于食饵的数量或者密度[43-44]。1965 年，Holling 根据实验给出了 3 种针对不同类型的捕食者种群的功能性反应函数[45]。之后，霍林Ⅳ（Holling-Ⅳ）型、伊夫列夫（Ivlev）型和贝丁顿-迪安杰利斯（Beddington-Deangelis）型等功能性反应函数相继被提出。此外，关于捕食者-被捕食者模型的研究，还广泛考虑了被捕食者的群体防御、被捕食者对捕食者的恐惧效应[46]、种群的集群效应及种群的收获效应等。学者们还研究了多于两个种群之间的相互作用[47-48]，包括物种间的高阶相互作用，以及食物链网络中多物种之间的相互作用关系。

自然界中绝大多数的生物种群经历了不同的生长发育阶段，而时滞现象在这些阶段中普遍存在，如妊娠期、成熟期和幼体发育期等。因此，在研究种群系统时，时滞因素是不可忽视的。Wangersky 和 Cunningham 考虑到捕食者从吃掉被捕食者到产生下一代被捕食者所需要的时间（即代时滞），建立了具有代时滞的洛特卡-沃尔泰拉捕食者-被捕食者模型[49]：

$$
\begin{cases}
\dfrac{\mathrm{d}u(t)}{\mathrm{d}t}=ru(t)\left(1-\dfrac{u(t)}{K}\right)-bu(t)v(t) \\
\dfrac{\mathrm{d}v(t)}{\mathrm{d}t}=kbu(t-\tau)v(t-\tau)-\mu v(t)
\end{cases}
\tag{1.2}
$$

其中，τ 表示捕食者从吃掉食饵到产生下一代所需要的时间。马知恩建立了考虑成熟时滞和一般功能性反应函数的捕食者-被捕食者模型[50]。这些时滞可能导致系统的稳定平衡点失去稳定性，并产生周期振荡现象；同时，时滞效应也可能引发稳定性切换现象。因此，考虑耦合时滞因素的种群模型展现出比传统常微分模型更复杂的动力学行为。鉴于时滞在种群生命的演化过程中广泛存在，并能有效反映实际种群数量波动的规律，许多学者开始深入研究时滞对生物种群发展变化产生的影响。这一研究方向不仅有助于人们理解生态系统的动态特征，也为生物保护和管理提供了重要的理论支持。

所有生物种群都生活在空间环境中，并会向周围区域扩散，以寻找食物资源或避免竞争，从而形成种群的随机扩散现象。这一过程在数学上可以利用拉普拉斯算子进行描述。因此，种群不仅在时间维度上进行演化，还在空间维度上产生拓展。时滞扩散模型能够有效地刻画种群在时间和空间上的演化规律。目前，已有一些学者研究了种群的趋化效应、种群之间的非局部相互作用及种群的空间记忆效应等方面[51-52]。

1.2 时空动力学

1.2.1 斑图动力学

斑图(pattern,或称为格局),是指在空间或时间上形成的具有某种规律的非均匀宏观结构[54]。在自然界中,丰富多彩的斑图现象随处可见,例如,流体力学中瑞利-贝纳德(Rayleigh-Benard)系统中的热对流斑图、振荡沙盘系统中的六边形斑图、动物体表的各种花纹,以及贻贝在海滩上聚集形成的图纹等。此外,干旱和半干旱地区的植被也形成了独特的图纹。1952 年,英国数学家、密码学家、计算机科学之父阿兰·图灵(Alan Turing)利用反应扩散模型解释成形素扩散失稳导致动物的皮肤形成花纹[55]。后人将这一失稳过程称为图灵失稳或者图灵分岔(Turing bifurcation),并把随时间演化而自组织形成的空间周期稳定态称为图灵斑图。图灵斑图的形成展示了种群在时间和空间上的演化过程。

20 世纪 70 年代,斑图动力学的研究在化学、物理学和生物学等领域得到广泛应用。1991 年,欧阳颀院士和物理学家 Swinney 教授在化学实验中首次发现了二维空间中的图灵斑图现象,为确定其理论机制提供了实验证据[56]。此后,对斑图动力学的研究开始蓬勃发展,但在生态领域的相关研究则是在最近 20 年才逐渐兴起。Klausmeier 在研究由半干旱地区植被形成的规则斑图与不规则斑图时指出,图灵失稳导致了规则斑图的出现,而地形的小尺度变化则造成了不规则斑图的形成[16]。Kealy 和 Wollkind 通过弱非线性失稳分析方法,研究了平坦环境下的植被-水模型,揭示了条纹状斑图、迷宫斑图、间隙状斑图和不规则斑图存在的参数范围[57]。Sherratt 对半干旱环境中的带状斑图进行了研究,并给出了波长的计算公式和斑图移动的速度[58]。Zelnik 等利用振幅方程理论,在克劳斯迈尔-格雷-斯科特模型中发现了裸地态、均匀态和周期态共存的三稳态现象[59]。Wang 等研究了耦合非线性植被死亡率的植被-水模型,获得了模型发生图灵失稳的条件,并解释了植被斑图形成的原因[60]。孙桂全教授团队对植被动力学模型中的斑图现象进行了系统研究,主要利用图灵分岔、稳态分岔、图灵-霍普夫分岔、振幅方程等方法,确定了斑图与关键参数之间的定量关系[61]。他们发现,时滞将导致灾难性崩溃提前发生,非局部时滞可诱导斑图相变,以及降雨和扩散系数的微小变化可致使空间齐次周期解、空间非齐次周期解、时空周期解和空间非齐次稳态解之间发生切换现象。

1.2.2 周期振荡模式

为深入理解所建立模型反映的系统的发展变化规律,我们需要从定性和定量的角度综合分析模型的动力学行为。例如,研究系统平衡点的稳定性可以揭示物种长时间演变的规律;而研究模型的一致性和持久性则能够为预防与控制物种灭绝提供重要建议。此外,研究系统中的霍普夫分岔(Hopf bifurcation)现象,能够解释种群随时间发生周期性振荡的演变规律及其在空间上的分布形式。由于分岔理论能够真实地反映生物现象,因此这方面的研究受到了国内外学者的广泛关注。早在18世纪,自然科学领域就开始出现失稳现象,而"分岔"这一专业术语直到19世纪才正式被提出。进入20世纪70年代,随着数学理论和数值计算技术的发展,分岔理论逐渐兴起并趋于成熟[62]。在数学领域,对于包含参数的非线性系统,当参数连续变化到某一临界值,即分岔点时,系统的拓扑结构会在这个临界值的小邻域内发生本质的改变,将这一现象称为分岔现象。

霍普夫分岔是分岔理论体系中的一种基本现象,能够描述种群随时间做周期性振荡的现象。与图灵分岔所表现出的空间平移对称性的自发破缺不同,霍普夫分岔则表现为时间平移对称性的自发破缺。在数学上,霍普夫分岔的定义是:当系统的某个参数连续变化至特定临界值(分岔点)时,平衡点的局部稳定性发生改变,并在分岔点的小邻域内出现周期解。进一步分析系统发生霍普夫分岔后的行为,可以利用中心流形定理[63]和规范型理论[64-65]研究分岔的方向、周期解的稳定性及周期和振幅等分支属性。1981年,Hassard等提出了一套计算时滞微分方程规范型的方法[64]。1995年,Faria和Magalhaes基于类似的思想,提出了另外一套计算规范型的方法[65]。近年来,关于反应扩散系统的霍普夫分岔理论的研究也逐渐发展起来。基于Hassard等的研究,Yi等提出了一种用于分析反应扩散系统霍普夫分岔属性的方法[66]。

在过去十年中,随着时滞反应扩散系统在自然科学中的广泛应用,相关理论研究也取得了一些进展。部分学者专注于诺伊曼边界条件下的时滞反应扩散模型的霍普夫分岔问题,例如,具有时滞反应扩散的洛特卡-沃尔泰拉捕食者-被捕食者模型[67-69]、具有时滞反应扩散的莱斯利-高尔捕食者-被捕食者模型[70-71]、具有时滞扩散比例依赖性的捕食者-被捕食者模型[72]及时滞反应扩散浮游生物模型[73]等。此外,除了霍普夫分岔,关联霍普夫分岔的高余维分岔同样可以诱导周期振荡模式的出现,例如,图灵-霍普夫分岔(Turing-Hopf bifurcation)[74-78]、霍普夫-霍普夫分岔(Hopf-Hopf bifurcation)[79-81]等。

1.3 本书主要内容

本书侧重于时滞生物系统的建模与时空动力学分析,具体章节安排如下:

第2章研究了时滞传染病模型的建模与理论分析。首先,基于年龄结构的思想,通过严谨的数学推导,构建具有染病期时滞的SIR传染病模型,分析模型的基本再生数及最终流行规模。其次,构建具有自适应重连时滞的SIS传染病模型,理论分析显示系统存在无穷多个平衡点，这一发现与通常的时滞生物系统模型截然不同。上述结果为时滞传染病动力学模型的构建和研究提供了新的视角。

第 3 章研究了传染病模型的斑图动力学。首先，构建具有潜伏期时滞的 SEI（susceptible-exposed-infected，易感-潜伏期-染病）传染病模型，理论上给出模型的周期解和斑图动力学，并通过数值模拟展示染病者数量随时间变化所呈现的周期性振荡现象，以及染病者的图灵斑图演化过程。研究表明，潜伏期时滞可诱发系统进入周期性振荡模式，而扩散则促使染病群体以不同形式出现聚集现象。其次，构建了一个考虑传染病传播的时滞捕食者-被捕食者扩散动力学模型，从理论上分析了模型的斑图动力学行为。以数值模拟形式展示了不同斑图类型的空间结构。研究结果揭示，时滞影响了被捕食者与捕食者的稳态共存，而扩散则影响了它们在空间上的分布结构。

第 4 章研究了植被系统的周期振荡模式。首先，构建具有转化时滞的克劳斯迈尔植被-水模型，从理论上给出稳定性切换发生的条件、鞍结点-霍普夫分岔存在的条件，以及霍普夫分岔存在的条件。结果表明，转化时滞诱导了植被的周期振荡模式，而空间扩散促进了这一模式的发生。然后，构建了具有渗透时滞的广义克劳斯迈尔-格雷-斯科特模型，从理论上给出了非空间和空间系统中霍普夫分岔发生的条件，并提出相关空间因素的增加会扩大植被态与裸地态共存的双稳态区域。研究结果表明，渗透时滞诱发了周期振荡模式的出现，而空间扩散影响了双稳态区域的范围，这两方面的结果为理解植被系统的时空演化行为提供了理论依据。

第 5 章研究了时空时滞种群模型的斑图动力学。首先，构建具有非局部捕食效应的藻类-贻贝模型，分析平衡点的存在性及其稳定性。其次，从理论上给出模型发生图灵失稳的条件，从数值上展示贻贝种群随时间变化的空间分布模式。最终，形成了高密度点状斑图。研究结果表明，空间扩散显著影响了贻贝种群的空间分布模式，藻类和贻贝种群的移动规律变化可能会破坏海岸带生态系统的稳定变化过程；而非局部捕食效应的效果并不明显，更有利于贻贝种群的持续生存。这些结果可为海岸带生态系统资源的合理开发与利用提供理论支撑。

参考文献

[1] 马知恩，周义仓，王稳地，等. 传染病动力学的数学建模与研究[M]. 北京：科学出版社，2004.

[2] 彭文伟. 传染病学[M]. 北京：人民卫生出版社，2001.

[3] TRILLA A，TRILLA G，DAER C. The 1918 “Spanish flu”in Spain[J]. Clinical infectious diseases，2008，47(5)：668－673.

[4] SCHUMACHER A E，KYUH H，AALI A，et al. Global age-sex-specific mortality，life expectancy，and population estimates in 204 countries and

territories and 811 subnational locations, 1950—2021, and the impact of the COVID - 19 pandemic: a comprehensive demographic analysis for the Global Burden of Disease Study 2021[J]. The lancet, 2024, 403 (10440): 1989 - 2056.

[5] BERNOULLI D. Essai d'une nouvelle analyse de la mortalité causée par la petite vérole et des avantages de l'inoculation pour al prévenir[J]. Academie royale des siences, 1760, 1 - 45.

[6] Nobel Prize Organization. The Nobel Prize in Physiology or Medicine 1902 [EB/OL]. [2024 - 10 - 15]. https://www.nobelprize.org/prizes/medicine/1902/summary/.

[7] HAMER W H. Epidemic disease in England[J]. The lancet, 1906, 1: 733 - 739.

[8] KERMACK W O, MCKENDRICK A G. A contribution to the mathematical theory of epidemics[J]. Proceedings of the royal society A: mathematical, physical and engineering sciences, 1927, 115: 700 - 721.

[9] KERMACK W O, MCKENDRICK A G. A contributions to the mathematical theory of epidemics, part Ⅱ [J]. Proceedings of the royal society A: mathematical, physical and engineering sciences, 1932, 138: 55 - 83.

[10] MARTCHEVA M. An introduction to mathematical epidemiology[M]. New York: Springer, 2015.

[11] COOKE K L, YORKE J A. Some equations modelling growth processes and gonorrhea epidemics[J]. Mathematical biosciences, 1973, 16(1): 75 - 101.

[12] BRAUER F, CASTILLO-CHAVEZ C. Mathematical models in population biology and epidemiology[J]. American mathematical monthly, 2003, 40 (3): 267 - 291.

[13] SAFRIEL U, ADEEL Z, NIEMEIJER D, et al. Ecosystems and human well-being: current state and trends [M]. Washington DC: Island Press, 2006.

[14] YIZHAQ H, GILAD E, MERON E. Banded vegetation: biological productivity and resilience[J]. Physica A: statistical mechanics and its applications, 2005, 356(1): 139 - 144.

[15] KEFI S, RIETKERK M, ALADOS C L, et al. Spatial vegetation patterns and imminent desertification in Mediterranean arid ecosystems[J]. Nature, 2007, 449(9): 213 - 217.

[16] KLAUSMEIER C A. Regular and irregular patterns in semiarid vegetation

[J]. Science,1999, 284(5421): 1826 - 1828.

[17] HARDENBERG J V, MERON E, SHACHAK M, et al. Diversity of vegetation patterns and desertification[J/OL]. Physical review letters, 2001, 87(19): 198101[2024 - 10 - 15]. https://journals. aps. org/prl/abstract/10. 1103/PhysRevLett. 87. 198101. DOI: 10. 1103/Phys RevLett. 87. 198101.

[18] HILLE RIS LAMBERS R, RIETKERK M, VAN DEN BOSCH F, et al. Vegetation pattern formation in semi-arid grazing systems[J]. Ecology, 2001, 82(1): 50 - 61.

[19] TARNITA C E, BONACHELA J A, SHEFFER E, et al. A theoretical foundation for multi-scale regular vegetation patterns[J]. Nature, 2017, 541(7637): 398 - 401.

[20] STELT S V, DOELMAN A, HEK G, et al. Rise and fall of periodic patterns for a generalized Klausmeier-Gray-Scott model[J]. Journal of nonlinear science, 2012, 23(1): 39 - 65.

[21] EIGENTLER L, SHERRATT J A. Long-range seed dispersal enables almost stationary patterns in a model for dryland vegetation[J/OL]. Journal of mathematical biology, 2023, 86(1): 15 [2024 - 10 - 15]. https://link. springer. com/article/10. 1007/s00285 - 022 - 01852 - x # citeas. DOI: 10. 1007/s00285 - 022 - 01852 - x.

[22] SUN G Q, WANG C H, CHANG L L, et al. Effects of feedback regulation on vegetation patterns in semi-arid environments[J]. Applied mathematical modelling, 2018, 61: 200 - 215.

[23] XUE Q, SUN G Q, LIU C, et al. Spatiotemporal dynamics of a vegetation model with nonlocal delay in semi-arid environment [J]. Nonlinear dynamics, 2020, 99: 3407 - 3420.

[24] XUE Q, LIU C, LI L, et al. Interactions of diffusion and nonlocal delay give rise to vegetation patterns in semi-arid environments[J/OL]. Applied mathematics and computation, 2021, 399: 126038 [2024 - 10 - 15]. https://www. sciencedirect. com/science/article/pii/ S0096300321000862. DOI: 10. 1016/j. amc. 2021. 126038.

[25] LIANG J, SUN G Q. Effect of nonlocal delay with strong kernel on vegetation pattern[J]. Journal of applied analysis and computation, 2024, 14: 473 - 505.

[26] SIERO E. Nonlocal grazing in patterned ecosystems[J]. Journal of

theoretical biology, 2018, 436: 64 - 71.

[27] YIMAMU M, YANG W, WU J. Turing instability and coexistence in an extended Klausmeier model with nonlocal grazing [J/OL]. Nonlinear analysis: real world applications, 2022, 64: 103443[2024 - 10 - 15]. https://www.sciencedirect.com/science/article/pii/S1468121821001553. DOI: 10.1016/j.nonrwa.2021.103443.

[28] KANTI P M, PORIA S. Role of herbivory in shaping the dryland vegetation ecosystem: linking spiral vegetation patterns and nonlinear, nonlocal grazing[J/OL]. Physical review E, 2023, 107: 064403 [2024 - 10 - 15]. https://journals.aps.org/pre/abstract/10.1103/PhysRevE.107.064403. DOI: 10.1103/PhysRevE.107.064403.

[29] EIGENTLER L, SHERRATT J A. Effects of precipitation intermittency on vegetation patterns in semi-arid landscapes [J/OL]. Physica D: nonlinear phenomena, 2020, 405: 132396 [2024 - 10 - 15]. https://www.sciencedirect.com/science/article/pii/S0167278919305238. DOI: 10.1016/j.physd.2020.132396.

[30] GANDHI P, LIU L, SILBER M. A pulsed-precipitation model of dryland vegetation pattern formation [J]. SIAM journal on applied dynamical systems, 2023, 22(2): 657 - 693.

[31] CHEN Z, WU Y P, FENG G L, et al. Effects of global warming on pattern dynamics of vegetation: Wuwei in China as a case[J/OL]. Applied mathematics and computation, 2021, 390: 125666 [2024 - 10 - 15]. https://www.sciencedirect.com/science/article/pii/ S0096300320306196. DOI: 10.1016/j.amc.2020.125666.

[32] CHEN Z, LIU J, LI L, et al. Effects of climate change on vegetation patterns in Hulun Buir Grassland[J/OL]. Physica A: statistical mechanics and its applications, 2022, 597: 127275[2024 - 10 - 15]. https://www.sciencedirect.com/science/article/pii/S0378437122002357. DOI: 10.1016/j.physa.2022.127275.

[33] LI L, PANG Y Z, SUN G Q, et al. Impact of climate change on vegetation patterns in Altay Prefecture, China [J]. Mathematical medicine and biology, 2024,41(1):53 - 80.

[34] HOU L F, SUN G Q, PERC M. The impact of heterogeneous human activity on vegetation patterns in arid environments[J/OL]. Communications in nonlinear science and numerical simulation, 2023,126:107461[2024 - 10 - 15]. https://

www. sciencedirect. com/science/article/pii/S1007570423003829. DOI: 10. 1016/j. cnsns. 2023. 107461.

[35] LI J, SUN G Q, GUO Z G. Bifurcation analysis of an extended Klausmeier-Gray-Scott model with infiltration delay [J]. Studies in applied mathematics, 2022, 148(4): 1519-1542.

[36] LI J, SUN G Q, JIN Z. Interactions of time delay and spatial diffusion induce the periodic oscillation of the vegetation system[J]. Discrete and continuous dynamical systems-b, 2022, 27(4): 2147-2172.

[37] LI J, SUN G Q, LI L, et al. The effect of grazing intensity on pattern dynamics of the vegetation system[J/OL]. Chaos solitons & fractals, 2023, 175: 114025 [2024-10-15]. https://www. sciencedirect. com/science/article/pii/S0960077923009268. DOI:10. 1016/j. chaos. 2023. 114025.

[38] MALTHUS T R. An essay on the principle of population[M]. London: Pickering & Chatto Publishers, 1798.

[39] VERHULST P F. Notice sur la loi que la population suit dans son accroissement[J]. Correspondence mathematique et physique, 1838, 10 (10): 113-121.

[40] ALLEE W C. Animal aggregations, a study in general sociology[M]. Chicago: University of Chicago Press, 1931.

[41] VOLTERRA V. Variazione fluttuazione del numero d'individui in specie animali conviventi[J]. Memoiri della academia linceinsis, 1926, 2: 31-113.

[42] LOTKA A J. Elements of physical biology[M]. Baltimore: Williams & Wilkins,1925.

[43] LESLIE P H, GOWER J C. The properties of a stochastic model for the predator-prey type of interaction between two species[J]. Biometrika, 1960, 47(3-4): 219-234.

[44] MAY R M. Stability and complexity in model ecosystems[J]. Evolution, 1974, 28(3): 510-511.

[45] HOLLING C S. The functional response of predators to prey density and its role in mimicry and population regulation [J]. Memoirs of the entomological society of canada, 1965, 97(45): 1-60.

[46] WANG X, ZANETTE L, ZOU X. Modelling the fear effect in predator-prey interactions[J]. Journal of mathematical biology, 2016, 73(5):1179-1204.

[47] LETTEN A D, STOUFFER D B. The mechanistic basis for higher-order

interactions and non-additivity in competitive communities[J]. Ecology letters, 2019, 22(3): 423-436.

[48] PERKINS D M, HATTON I A, GAUZENS B, et al. Consistent predator-prey biomass scaling in complex food webs [J/OL]. Nature communications, 2022,13: 4990 [2024-10-15]. https://www.nature.com/articles/s41467-022-32578-5. DOI: 10.1038/s41467-022-32578-5.

[49] WANGERSKY P J, CUNNINGHAM W J. Time lag in prey-predator population models[J]. Ecology, 1957, 38(1): 136-139.

[50] 马知恩. 种群生态学的数学建模与研究[M]. 合肥：安徽教育出版社，1996.

[51] KAREIVA P, ODELL G. Swarms of predators exhibit prey-taxis if individual predators use area-restricted search [J]. The American naturalist, 1987, 130(2): 233-270.

[52] AINSEBA B, BENDAHMANE M, NOUSSAIR A. A reaction-diffusion system modeling predator-prey with prey-taxis[J]. Nonlinear analysis: real world applications, 2008, 9: 2086-2105.

[53] SHI J, WANG C, WANG H, et al. Diffusive spatial movement with memory[J]. Journal of dynamics and differential equations, 2020, 32: 979-1002.

[54] 欧阳颀. 非线性科学与斑图动力学导论[M]. 北京：北京大学出版社，2010.

[55] TURING A. The chemical basis of morphogenesis [J]. Philosophical transactions of the royal society B: biological sciences, 1952, 237: 37-72.

[56] OUYANG Q, SWINNEY H L. Transition from a uniform state to hexagonal and striped Turing patterns[J]. Nature, 1991, 352: 610-612.

[57] KEALY B J, WOLLKIND D J. A nonlinear stability analysis of vegetative Turing pattern formation for an interaction-diffusion plant-surface water model system in an arid flat environment [J]. Bulletin of mathematical biology, 2012, 74(4): 803-833.

[58] SHERRATT J A. Pattern solutions of the Klausmeier model for banded vegetation in semiarid environments Ⅳ: slowly moving patterns and their stability[J]. SIAM journal on applied mathematics, 2013, 73 (1): 330-350.

[59] ZELNIK Y R, GANDHI P, KNOBLOCH E, et al. Implications of tristability in pattern-forming ecosystems [J/OL]. Chaos: an interdisciplinary journal of nonlinear science, 2018, 28: 033609[2024-10-15]. https://pubs.aip.org/aip/cha/article/28/3/033609/1059620. DOI: 10.1063/1.50 18925.

[60] WANG X, WANG W, ZHANG G. Vegetation pattern formation of a water-biomass model [J]. Communications in nonlinear science and numerical simulation, 2017, 42: 571 - 584.

[61] SUN G Q, LI L, LI J, et al. Impacts of climate change on vegetation pattern: mathematical modelling and data analysis [J]. Physics of life reviews, 2022, 43: 239 - 270.

[62] 张芷芬，李承治，郑志明，等. 向量场的分岔理论基础[M]. 北京：高等教育出版社，1997.

[63] CARR J. Applications of center manifold theory[M]. New York: Springer-Verlag, 1981.

[64] HASSARD B D, KAZARINOF N D, WAN Y H. Theory and applications of Hopf bifurcation[M]. Cambridge: Cambridge University Press, 1981.

[65] FARIA T, MAGALHAES L. Normal forms for retarded functional differential equations with parameters and applications to Hopf bifurcation [J]. Journal of differential equations, 1995, 122(2): 181 - 200.

[66] YI F, WEI J, SHI J. Bifurcation and spatio-temporal patterns in a diffusive homogeneous predator-prey system[J]. Journal of differential equations, 2009, 246(5): 1944 - 1977.

[67] CHEN S, SHI J, WEI J. A note on Hopf bifurcations in a delayed diffusive Lotka-Volterra predator-prey system[J]. Computers and mathematics with application, 2011, 62: 2240 - 2245.

[68] FARIA T. Stability and bifurcation for a delayed predator-prey model and the effect of diffusion [J]. Journal of mathematical analysis and applications, 2001, 254: 433 - 463.

[69] ZUO W, WEI J. Stability and Hopf bifurcation in a diffusive predator-prey system with delay effect[J]. Nonlinear analysis: real world applications, 2011, 12: 1998 - 2011.

[70] CHEN S, SHI J, WEI J. Global stability and Hopf bifurcation in a delayed diffusive Leslie-Gower predator-prey system[J/OL]. International journal of bifurcation chaos, 2012, 22: 1250061 [2024 - 10 - 15]. https://www.worldscientific. com/doi/abs/10. 1142/S0218127412500617. DOI: 10. 1142/S0218127412500617.

[71] CHEN S, SHI J, WEI J. Time delay-induced instabilities and Hopf bifurcations in general reaction-diffusion systems[J]. Journal of nonlinear science, 2013, 23: 1 - 38.

[72] SONG Y, PENG Y, ZOU X. Persistence, stability and Hopf bifurcation in a diffusive ratio-dependent predator-prey model with delay [J/OL]. International journal of bifurcation chaos, 2014, 24: 1450093[2024 - 10 - 15]. https://www.worldscientific.com/doi/abs/10.1142/S021812741450093X. DOI: 10.1142/S021812741450093X.

[73] ZHAO J, WEI J. Dynamics in a diffusive plankton system with delay and toxic substances effect[J]. Nonlinear analysis: real world applications, 2015, 22: 66 - 83.

[74] JIANG W, WANG H, CAO X. Turing instability and Turing-Hopf bifurcation in diffusive Schnakenberg systems with gene expression time delay[J]. Journal of dynamics and differential equations, 2018, 31(4): 2223 - 2247.

[75] JIANG H. Delay-included Turing-Hopf bifurcation in the diffusive mussel-algae model[J]. Mathematical methods in the applied sciences, 2021, 44(11): 8638 - 8647.

[76] AN Q, JIANG W. Bifurcations and spatiotemporal patterns in a ratio-dependent diffusive Holling-Tanner system with time delay [J]. Mathematical methods in the applied sciences, 2019, 42(2): 440 - 465.

[77] SONG Y, JIANG H, YUAN Y. Turing-Hopf bifurcation in the reaction-diffusion system with delay and application to a diffusive predator-prey model[J]. Journal of applied analysis and computation, 2019, 9(3): 1132 - 1164.

[78] JIANG W, AN Q, SHI J. Formulation of the normal form of Turing-Hopf bifurcation in partial functional differential equations [J]. Journal of differential equations, 2020, 268(10): 6067 - 6102.

[79] DU Y, NIU B, GUO Y, et al. Double Hopf bifurcation in delayed reaction-diffusion systems[J]. Journal of dynamics and differential equations, 2020, 32: 313 - 358.

[80] SONG Y, PENG Y, ZHANG T. Double Hopf bifurcation analysis in the memory-based diffusion system[J]. Journal of dynamics and differential equations, 2022, 36(2): 1635 - 1676.

[81] SONG Y, SHI J, WANG H. Spatiotemporal dynamics of a diffusive consumer-resource model with explicit spatial memory [J]. Studies in applied mathematics, 2022, 148(1): 373 - 395.

第 2 章　时滞传染病模型的建模与理论分析

2.1　具有染病期时滞的 SIR 传染病模型的建立

本节利用规则网络的思想去探究人群的接触模式对传染病传播的影响。在网络中，节点代表个体，连边表示个体间的相互接触关系，且两个个体之间若有连边则互为邻居。节点的度数反映了个体接触到的其他个体的数量。规则网络是指每个节点的度数相同，即度分布呈 δ 分布。然而，在现实世界中，当易感者得知其邻居已经感染传染病时，为了降低感染风险，个体可能会主动切断与染病邻居的接触，并重新建立与易感者的接触，或者放弃与易感者接触的机会。这种行为体现了网络中的传染病传播过程具有个体自适应性。近年来，数位研究者提出了一些自适应重连机制[1-5]。例如，Gross 等首次研究了自适应网络上的 SIS 传染病模型，并提出自适应重连机制，即一旦易感者断开了与染病邻居的接触，便会立刻与其他易感者建立新的接触[1]。

在传染病传播过程中，在易感者被感染并转变为染病者后，通常会经历一个具有时间滞后性的阶段。具体而言，当易感者被染病者感染后，在一定时间内会保持染病状态，过一段时间后才能康复。在此期间，染病者依然具有传染性，能够继续将病毒传播给其他易感者。因此，在构建传染病模型时不应忽视染病期的时滞因素，研究染病期的长短对于传染病防控具有重要的理论意义。为了更深入地理解传染病模型中时滞因素的建模机制，本节将从一个具有年龄结构的传染病模型出发，推导出包含时滞的传染病模型，并进一步为具有时滞因素的生物系统的建模提供新的思路。

2.1.1　模型建立

假设个体之间的接触结构形成一个规则网络，即所有的连边（二元组）具有相同的连接强度。采用 Gross 等提出的自适应重连机制，设重连率为 ω，连边的动力学过程包括连边的断开和创建：易感节点（S）通过破坏与染病邻居（I）的接触来断开连边；与染病者断开连边的易感节点会与其他的非染病节点（易感节点（S）或康复节点（R））建立新的连接（见图 2.1）。因此，本节基于年龄结构的思想，构建了一个耦合自适应重连和年龄结构的 SIR 传染病模型。该模型不仅包含每一类节点和每一类二元组，还充分考虑到 $I-I$ 二元组中存在两个染病年龄，并对 $I-R$ 二元组产生的两个来源进行详细建模。最终，推导出一个包含自适应重连和染病期时滞的 SIR 传染病模型。鉴于本节所考虑的 SIR 传染病模型是一个一般化模型，因此在建模过程中并不涉及参数和变量的单位问题。

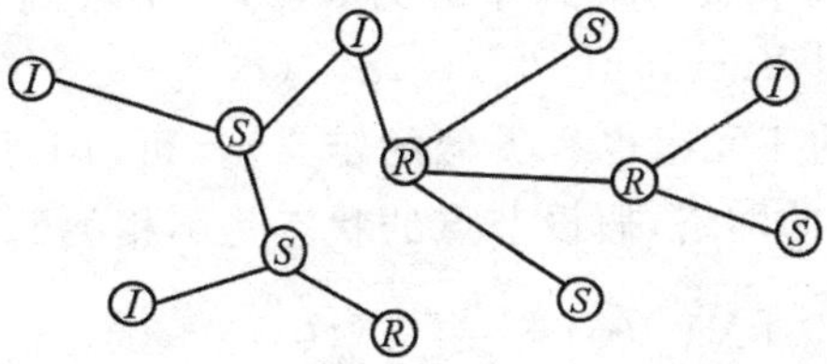

(a) 节点被标记疾病状态 (S, I, R) 的网络示意图

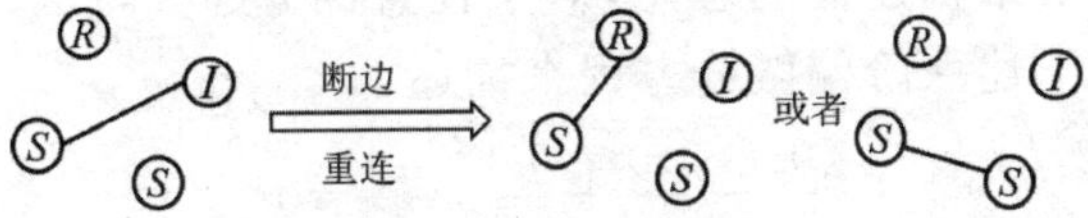

(b) S-I边的自适应重连机制示意图

图 2.1　传染病传播网络的拓扑结构示意图

在建立模型之前，先介绍有关传染病状态和连边的记号。定义每一个节点(个体)的传染病状态为 $X\in\{S,I,R\}$，$[X]$表示状态为 X 的节点的数量，$[XY]$表示状态为 X 的节点与状态为 Y 的节点连接构成的 $X-Y$ 二元组的数量，$[XYZ]$ 表示状态依次为 X、Y、Z 的节点连接构成的 $X-Y-Z$ 三元组的数量。由于网络是无向网络，因此需要计算两次$[XX]$的数量，同时满足$[XY]=[YX]$。利用文献[6]中的方法近似$[XYZ]$，可得

$$[XYZ]=\xi\frac{[XY][YZ]}{[Y]}\tag{2.1}$$

其中，$\xi=\dfrac{n-1}{n}$；n 是网络的平均度。

设$[X](t)$表示 t 时刻状态为 X 的节点的数量，$[XY](t)$表示 t 时刻 $X-Y$ 二元组的数量，$[XYZ](t)$表示 t 时刻 $X-Y-Z$ 三元组的数量。由于本节讨论的是静态网络，因此网络中的总节点数 N 在传染病传播过程中不随时间变化，即 N 是常数，且 $N=[S](t)+[I](t)+[R](t)$。同时，定义 $[\dot{X}](t)=\dfrac{\mathrm{d}[X](t)}{\mathrm{d}t}$ 表示状态为 X 的节点数量随时间的变化率，$[\dot{XY}](t)=\dfrac{\mathrm{d}[XY](t)}{\mathrm{d}t}$ 表示 $X-Y$ 二元组的数量随时间的变化率。

基于以年龄结构建模的思想，$i(t,a)$表示在 t 时刻染病年龄为 a 的染病节点的数量，其中染病年龄 $a\in[0,\tau]$，τ 表示最大染病年龄，也称为染病期时滞。进而在 t 时刻总的染病节点的数量为 $[I](t)=\int_0^\tau i(t,a)\mathrm{d}a$。$X-I(X\in\{S,R\})$ 表示

状态为 X 的节点与具有任意染病年龄的染病节点连接，而 $X-i$ 表示状态为 X 的节点与染病年龄为 a 的染病节点连接。$i-i$ 表示两个具有不同染病年龄的染病节点相连接，其中一个染病节点的染病年龄为 a，另一个染病节点的年龄为 a_1+a，且 $a_1>0$ 表示年龄差。$[Xi(t,a)]$和$[i(t,a)i(t,a_1+a)]$分别表示 $X-i$ 和 $i-i$ 二元组的数量，有关 i 的三元组也有类似的定义，且可以利用文献[6]的方法进行近似。对于在初始时刻的网络，假设节点的状态是不相关的，有

$$[XY](0)=\frac{n}{N}[X](0)[Y](0) \tag{2.2}$$

$[i(0,a)i(0,a_1+a)]$与$[XY](0)$有相同的近似公式。

再次基于以年龄结构建模的思想，对于任意的 $a\in[0,\tau]$，$i(t,a)$的变化可通过具有年龄结构的下述一阶偏微分方程来描述：

$$\frac{\partial i(t,a)}{\partial t}+\frac{\partial i(t,a)}{\partial a}=0 \tag{2.3}$$

且边界条件和初始条件分别为

$$i(t,0)=\beta\int_0^{\tau}[Si(t,a)]\mathrm{d}a,\ i(0,a)=[I](0)\psi(a) \tag{2.4}$$

边界条件 $i(t,0)$ 表示染病年龄为 0 的染病节点，其为 t 时刻新感染的染病者。假设初始时刻染病节点的数量为$[I](0)$，初始年龄分布为 $\psi(a)$，则获得初始条件 $i(0,a)$。

在 t 时刻状态为 I 的染病节点的数量是对 $i(t,a)$ 在整个染病期 $[0,\tau]$ 上进行积分，即

$$[I](t)=\int_0^{\tau}i(t,a)\mathrm{d}a \tag{2.5}$$

进一步，一旦染病节点的染病年龄超过 $a=\tau$，就会立刻进入康复阶段，则有

$$[\dot{R}](t)=i(t,\tau) \tag{2.6}$$

其中，$[\dot{R}](t)$ 表示康复节点的数量随时间的变化率。

类似地，在 t 时刻 $S-I$ 二元组的数量是对 $[Si(t,a)]$ 在整个染病期上进行积分，即

$$[SI](t)=\int_0^{\tau}[Si(t,a)]\mathrm{d}a \tag{2.7}$$

接下来讨论在 t 时刻染病年龄为 $a\in[0,\tau]$的 $S-i$ 二元组（即 $[Si(t,a)]$）的移出情况：

(1)$i-S-i$ 三元组中的易感节点被染病年龄为 b 的染病节点传染，即 $\beta\int_0^{\tau}[i(t,b)Si(t,a)]\mathrm{d}a$。

(2)在 $S-i$ 二元组内部发生传染，即 $\beta[Si(t,a)]$。

(3)易感节点 S 与染病节点 i 断开连边，即 $\omega[Si(t,a)]$。

因此，$[Si(t,a)]$满足如下的方程：

$$\frac{\partial[Si(t,a)]}{\partial t}+\frac{\partial[Si(t,a)]}{\partial a}=-\beta\int_0^\tau[i(t,b)Si(t,a)]\mathrm{d}b-(\beta+\omega)[Si(t,a)]$$
$$=-\left(\beta\xi\frac{\int_0^\tau[Si(t,b)]\mathrm{d}b}{[S](t)}+\beta+\omega\right)[Si(t,a)] \tag{2.8}$$

由于 $S-i$ 二元组的产生来源于 $S-S$ 二元组中的任意一个易感节点被它的染病邻居传染，而染病邻居的染病年龄是任意的，因此可得到边界条件 $[Si(t,0)]=\beta\int_0^\tau[SSi(t,a)]\mathrm{d}a$。进一步根据式(2.1)将三元组转化为二元组，可得

$$[Si(t,0)]=\beta\xi\frac{[SS](t)\int_0^\tau[Si(t,a)]\mathrm{d}a}{[S](t)} \tag{2.9}$$

在初始时刻，根据式(2.2)，易感节点与年龄为 a 的染病节点连接构成的二元组数量为$\frac{n}{N}[S](0)i(0,a)$。此外，由于初始时刻年龄为 a 的染病节点的年龄分布为 $\psi(a)$，因此模型的初始条件可表示为

$$[Si(0,a)]=\frac{n}{N}[S](0)[I](0)\psi(a) \tag{2.10}$$

接下来讨论 $S-R$，$I-I$ 和 $I-R$ 二元组的变化情况。$S-R$ 二元组的变化包含移出和移入，其中移出是由 $S-R$ 连边中的 S 被它的染病邻居感染所导致的，即在 $i-S-R$ 三元组内发生的传染；而移入包括两种情况，一种是具有各种染病年龄的 $S-i$ 二元组断开并重连形成的 $S-R$ 二元组，另一种是由染病年龄为 τ 的 $S-i$ 二元组中的染病节点 i 康复所生成的。注意到在网络变化的过程中，$i-S-R$ 三元组和 $S-i$ 二元组中的染病节点的染病年龄可从 0 取到 τ。因此，$S-R$ 二元组满足下述方程：

$$[\dot{SR}](t)=-\beta\int_0^\tau[i(t,a)SR]\mathrm{d}a+\omega\frac{[R](t)}{[S](t)+[R](t)}\int_0^\tau[Si(t,a)]\mathrm{d}a+[Si(t,\tau)]$$
$$=-\beta\frac{\xi[SR](t)\int_0^\tau[Si(t,a)]\mathrm{d}a}{[S](t)}+\omega\frac{[R](t)}{[S](t)+[R](t)}\int_0^\tau[Si(t,a)]\mathrm{d}a+$$
$$[Si(t,\tau)]$$
$$=-\left(\beta\xi\frac{[SR](t)}{[S](t)}-\omega\frac{[R](t)}{[S](t)+[R](t)}\right)\int_0^\tau[Si(t,a)]\mathrm{d}a+[Si(t,\tau)] \tag{2.11}$$

其中，$[\dot{SR}](t)$ 表示 $S-R$ 二元组的数量随时间的变化率。

对于整个网络中的 $i-i$ 二元组而言，两个染病节点的染病年龄是不相同的，且定义年龄差为 $a_1 \in (0,\tau]$，其中一个染病节点的年龄为 a，另一个染病节点的年龄为 a_1+a。只要染病年龄为 a_1+a 的节点的年龄小于等于染病期 τ，即 $0<a\leqslant \tau-a_1$，则这样的 $i-i$ 二元组中的任何一个染病节点都未变为康复状态。因此，对网络中所有 $i-i$ 边的年龄差 a_1 从 0 到 τ 积分，可得

$$[II](t)=2\int_0^{\tau}\int_0^{\tau-a_1}[i(t,a)i(t,a_1+a)]\mathrm{d}a\,\mathrm{d}a_1 \tag{2.12}$$

其中，积分值乘以 2 是由于在无向网络中$[II]$需要计算两次。类似于对 $i(i,a)$ 的处理，对$[i(t,a)i(t,a_1+a)]$的变化可用下述的方程描述：

$$\left(\frac{\partial}{\partial t}+\frac{\partial}{\partial a}\right)[i(t,a)i(t,a_1+a)]=0 \tag{2.13}$$

为了给出边界条件$[i(t,0)i(t,a_1)]$，需要清楚 $i-i$ 二元组的产生来自以下两种情况：

(1)在染病年龄为 a_1 的 $S-i$ 二元组内部发生传染。

(2)在 $i-S-i$ 三元组中，易感节点 S 被染病年龄为 $a\in[0,\tau]$的染病节点感染。

因此，边界条件为

$$\begin{aligned}[i(t,0)i(t,a_1)]&=\beta[Si(t,a_1)]+\beta\int_0^{\tau}[i(t,a)Si(t,a_1)]\mathrm{d}a\\&=\beta\left(1+\xi\frac{\int_0^{\tau}[Si(t,a)]\mathrm{d}a}{[S](t)}\right)[Si(t,a_1)]\end{aligned} \tag{2.14}$$

在初始时刻，由式(2.2)可知，年龄为 a 的染病节点与年龄为 a_1+a 的染病节点连接构成的二元组数量为 $\frac{n}{N}i(0,a)i(0,a_1+a)$，又因为初始时刻两类染病者的年龄分布分别为 $\psi(a)$ 和 $\psi(a_1+a)$，则初始条件为

$$[i(0,a)i(0,a_1+a)]=\frac{n}{N}([I](0))^2\psi(a)\psi(a_1+a) \tag{2.15}$$

在整个网络演化的过程中，$I-R$ 二元组的产生包括两种情况：一种是在 $i-i$ 连边中染病年龄大的染病节点康复，而年龄小的染病节点仍处于染病状态，即 $\tau-a_1<a\leqslant\tau$；另一种是对包含各种染病年龄的 $i-R$ 二元组的整个染病期进行积分，注意这里的 $i-R$ 二元组是由 $i-S-R$ 三元组中的易感节点 S 被它的染病邻居感染而产生的。因此，$I-R$ 二元组的变化可用如下方程描述：

$$[IR](t)=\int_0^{\tau}\int_{\tau-a_1}^{\tau}[i(t,a)i(t,a_1+a)]\mathrm{d}a\,\mathrm{d}a_1+\int_0^{\tau}[i(t,a)R]\mathrm{d}a \tag{2.16}$$

由于年龄为 a 的染病节点与康复节点连接构成的 $i-R$ 二元组的数量不随时

间和年龄变化，因此可用如下的方程描述：

$$\frac{\partial[i(t,a)R]}{\partial t}+\frac{\partial[i(t,a)R]}{\partial a}=0 \tag{2.17}$$

且边界条件和初始条件分别为

$$[i(t,0)R]=\beta\int_0^{\tau}[i(t,a)SR]\mathrm{d}a=\beta\xi\frac{[SR](t)\int_0^{\tau}[Si(t,a)]\mathrm{d}a}{[S](t)} \tag{2.18}$$

$$[i(0,a)R]=\frac{n}{N}[R](0)[I](0)\psi(a) \tag{2.19}$$

其中，新产生的 $i-R$ 二元组是由 $i-S-R$ 三元组中的易感节点 S 被染病节点 i 感染所产生的。类似于$[Si(0,a)]$，可以给出$[i(0,a)R]$的方程形式。

紧接着，考虑 $R-R$ 二元组的变化情况。当染病节点 i 的年龄超过染病期 τ 时，$i-R$ 二元组就变成 $R-R$ 二元组。另外，当 $i-i$ 二元组中的年龄小的染病节点的年龄超过染病期 τ 时，就变成了 $R-R$ 边。因此，可得

$$[\dot{RR}](t)=2[i(t,\tau)R]+2\int_0^{\tau}[i(t,\tau)i(t,a_1+\tau)]\mathrm{d}a_1 \tag{2.20}$$

其中，$[\dot{RR}](t)$ 表示 $R-R$ 二元组的数量随时间的变化率。

最后给出独立于染病年龄的易感节点和 $S-S$ 二元组的方程：

$$[\dot{S}](t)=-\beta\int_0^{\tau}[Si(t,a)]\mathrm{d}a \tag{2.21}$$

$$[\dot{SS}](t)=-2\left(\beta\xi\frac{[SS](t)}{[S](t)}-\omega\frac{[S](t)}{[S](t)+[R](t)}\right)\int_0^{\tau}[Si(t,a)]\mathrm{d}a \tag{2.22}$$

其中，$[\dot{S}](t)$ 和 $[\dot{SS}](t)$ 分别表示易感节点和 $S-S$ 二元组的数量随时间的变化率。

总结上述方程，对于 $a\in[0,\tau]$，构建如下具有自适应重连和年龄结构的 SIR 传染病模型[7]：

$$[\dot{S}](t)=-\beta\int_0^{\tau}[Si(t,a)]\mathrm{d}a \tag{2.23a}$$

$$\left(\frac{\partial}{\partial t}+\frac{\partial}{\partial a}\right)i(t,a)=0 \tag{2.23b}$$

$$[\dot{R}](t)=i(t,\tau) \tag{2.23c}$$

$$[\dot{SS}](t)=-2\left(\beta\xi\frac{[SS](t)}{[S](t)}-\omega\frac{[S](t)}{[S](t)+[R](t)}\right)\int_0^{\tau}[Si(t,a)]\mathrm{d}a \tag{2.23d}$$

$$\left(\frac{\partial}{\partial t}+\frac{\partial}{\partial a}\right)[Si(t,a)]=-\beta\int_0^{\tau}[i(t,b)Si(t,a)]\mathrm{d}b-(\beta+\omega)[Si(t,a)] \tag{2.23e}$$

$$[\dot{SR}](t) = -\left(\beta\xi\frac{[SR](t)}{[S](t)} - \omega\frac{[R](t)}{[S](t)+[R](t)}\right)\int_0^\tau [Si(t,a)]\mathrm{d}a + [Si(t,\tau)] \tag{2.23f}$$

$$\left(\frac{\partial}{\partial t}+\frac{\partial}{\partial a}\right)[i(t,a)i(t,a_1+a)] = 0 \tag{2.23g}$$

$$\frac{\partial[i(t,a)R]}{\partial t} + \frac{\partial[i(t,a)R]}{\partial a} = 0 \tag{2.23h}$$

$$[\dot{RR}](t) = 2[i(t,\tau)R] + 2\int_0^\tau [i(t,\tau)i(t,a_1+\tau)]\mathrm{d}a_1 \tag{2.23i}$$

且边界条件和初始条件为

$$i(t,0) = \beta\int_0^\tau [Si(t,a)]\mathrm{d}a \tag{2.24a}$$

$$i(0,a) = [I](0)\psi(a) \tag{2.24b}$$

$$[Si(t,0)] = \beta\xi\frac{[SS](t)\int_0^\tau [Si(t,a)]\mathrm{d}a}{[S](t)} \tag{2.24c}$$

$$[Si(0,a)] = \frac{n}{N}[S](0)[I](0)\psi(a) \tag{2.24d}$$

$$[i(t,0)i(t,a_1)] = \beta\left(1+\xi\frac{\int_0^\tau [Si(t,a)]\mathrm{d}a}{[S](t)}\right)[Si(t,a_1)] \tag{2.24e}$$

$$[i(0,a)i(0,a_1+a)] = \frac{n}{N}[[I](0)]^2\psi(a)\psi(a_1+a) \tag{2.24f}$$

$$[i(t,0)R] = \beta\xi\frac{[SR](t)\int_0^\tau [Si(t,a)]\mathrm{d}a}{[S](t)} \tag{2.24g}$$

$$[i(0,a)R] = \frac{n}{N}[R](0)[I](0)\psi(a) \tag{2.24h}$$

在接下来的部分，结合式(2.24)中所有的边界条件和初始条件，利用特征线法求解模型(2.23)中一阶偏微分方程的解。

根据式(2.5)、方程(2.3)及其边界条件和初始条件式(2.4)和式(2.7)，可推导出

$$\begin{aligned}[\dot{I}](t) &= \int_0^\tau \frac{\partial i(t,a)}{\partial t}\mathrm{d}a = -\int_0^\tau \frac{\partial i(t,a)}{\partial a}\mathrm{d}a \\ &= i(t,0) - i(t,\tau) = \beta[SI](t) - i(t,\tau)\end{aligned} \tag{2.25}$$

为了计算 $i(t,\tau)$ 的值，根据边界条件式(2.4)，利用特征线法求解方程(2.3)，可得

$$i(t,a) = \begin{cases} i(0,a-t), & 0 \leqslant t \leqslant a \\ i(t-a,0), & t > a \end{cases}$$

进一步，当 $0\leqslant t\leqslant\tau$ 时，

$$i(t,\tau)=i(0,\tau-t)=[I](0)\psi(\tau-t) \tag{2.26}$$

当 $t>\tau$ 时，由边界条件(2.4)和式(2.7)，可得

$$i(t,\tau)=i(t-\tau,0)=\beta[SI](t-\tau) \tag{2.27}$$

进而，可推导出染病节点的变化方程：

$$[\dot{I}](t)=\begin{cases}\beta[SI](t)-[I](0)\psi(\tau-t),\ 0\leqslant t\leqslant\tau\\ \beta[SI](t)-\beta[SI](t-\tau),\ t>\tau\end{cases} \tag{2.28}$$

根据式(2.26)和式(2.27)，显然方程(2.6)可转化为

$$[\dot{R}](t)=i(t,\tau)=\begin{cases}[I](0)\psi(\tau-t),\ 0\leqslant t\leqslant\tau\\ \beta[SI](t-\tau),\ t>\tau\end{cases} \tag{2.29}$$

为了求解一阶偏微分方程(2.8)的解，可根据边界条件(2.9)和初始条件(2.10)，利用特征线法进行求解，可得

$$[Si(t,a)]=\begin{cases}[Si(0,a-t)]\mathrm{e}^{-\int_0^t f_1(u)\mathrm{d}u-\int_{a-t}^a f_2(u)\mathrm{d}u},0\leqslant t\leqslant a\\ [Si(t-a,0)]\mathrm{e}^{-\int_{t-a}^t f_1(u)\mathrm{d}u-\int_0^a f_2(u)\mathrm{d}u},t>a\end{cases} \tag{2.30}$$

其中

$$f_1(u)=\beta\xi\frac{[SI](u)}{[S](u)},\ f_2(u)=\beta+\omega$$

类似于推导方程(2.25)的过程，对方程(2.8)两端从 0 到 τ 进行积分，再结合式(2.7)，可推导出

$$[\dot{SI}](t)=-\left(\beta\xi\frac{[SI](t)}{[S](t)}+\beta+\omega\right)[SI](t)-[Si(t,\tau)]+[Si(t,0)] \tag{2.31}$$

由解式(2.30)，并结合边界条件式(2.9)和初始条件式(2.10)，方程(2.31)可转化为如下形式：

当 $0\leqslant t\leqslant\tau$ 时，

$$[\dot{SI}]=\left(\beta\xi\frac{[SS](t)}{[S](t)}-\beta\xi\frac{[SI](t)}{[S](t)}-\beta-\omega\right)[SI](t)-\frac{n}{N}[S](0)[I](0)\psi(\tau-t) \tag{2.32}$$

当 $t>\tau$ 时，

$$\begin{aligned}[\dot{SI}]=&\left(\beta\xi\frac{[SS](t)}{[S](t)}-\beta\xi\frac{[SI](t)}{[S](t)}-\beta-\omega\right)[SI](t)-\\&\beta\xi\frac{[SS](t-\tau)[SI](t-\tau)}{[S](t-\tau)}\mathrm{e}^{-(\beta+\omega)\tau}\mathrm{e}^{\left(-\int_{t-\tau}^t\beta\xi\frac{[SI](u)}{[S](u)}\mathrm{d}u\right)}\end{aligned} \tag{2.33}$$

通过结合式(2.7)，并去掉方程(2.11)中的括号，可得到 $[\dot{SR}]$ 的方程为

$$[\dot{SR}](t)=-\left(\beta\xi\frac{[SR](t)}{[S](t)}-\omega\frac{[R](t)}{[S](t)+[R](t)}\right)[SI](t)+[Si(t,\tau)] \tag{2.34}$$

进一步，根据式(2.30)和式(2.2)，可以推出

当 $0\leqslant t\leqslant\tau$ 时，

$$\begin{aligned}&[\dot{SR}](t)\\&=-\left(\beta\xi\frac{[SR](t)}{[S](t)}-\omega\frac{[R](t)}{[S](t)+[R](t)}\right)[SI](t)+\frac{n}{N}[S](0)[I](0)\psi(\tau-t)\end{aligned} \tag{2.35}$$

当 $t>\tau$ 时，

$$\begin{aligned}[\dot{SR}](t)=&\left(\beta\xi\frac{[SR](t)}{[S](t-\tau)}-\omega\frac{[R](t)}{[S](t)+[R](t)}\right)[SI](t)+\\&\beta\xi\frac{[SS](t-\tau)[SI](t-\tau)}{[S](t-\tau)}\mathrm{e}^{(\beta+\omega)\tau}\mathrm{e}^{\int_{t-\tau}^{t}\beta\xi\frac{[SI](u)}{[S](u)}\mathrm{d}u}\end{aligned} \tag{2.36}$$

求解$[i(t,a)i(t,a_1+a)]$和$[i(t,a)R]$的方法类似于求解方程(2.25)的方法，只是稍微复杂一些。在求解一阶偏微分方程$[i(t,a)i(t,a_1+a)]$的过程中，会出现两种情况：

(1)当 i-i 二元组中染病节点的年龄 a_1+a 超过染病期 τ 时，那么当 $0\leqslant t\leqslant\tau-a_1$ 时，可得

$$\begin{aligned}[i(t,\tau-a_1)i(t,\tau)]&=[i(0,\tau-a_1-t)i(0,\tau-t)]\\&=\frac{n}{N}([I](0))^2\psi(\tau-a_1-t)\psi(\tau-t)\end{aligned} \tag{2.37}$$

当 $t>\tau-a_1$ 时，可得

$$\begin{aligned}[i(t,\tau-a_1)i(t,\tau)]&=[i(t-\tau+a_1,0)i(t-\tau+a_1,a_1)]\\&=\beta\left(\xi\frac{\int_0^{\tau}[Si(t-\tau+a_1,a)]\mathrm{d}a}{[S](t-\tau+a_1)}+1\right)[Si(t-\tau+a_1,a_1)]\\&=\beta\left(\xi\frac{[SI](t-\tau+a_1)}{[S](t-\tau+a_1)}+1\right)[Si(t-\tau+a_1,a_1)]\end{aligned} \tag{2.38}$$

(2)当 i-i 二元组中染病年龄小的染病节点其年龄 a 超过染病期 τ 时，那么当 $0\leqslant t\leqslant\tau$ 时，可得

$$\begin{aligned}[i(t,\tau)i(t,a_1+\tau)]&=[i(0,\tau-t)i(0,\tau-t+a_1)]\\&=\frac{n}{N}([I](0))^2\psi(\tau-t)\psi(\tau-t+a_1)\end{aligned} \tag{2.39}$$

当 $t>\tau$ 时，可得

$$
\begin{aligned}
[i(t,\tau)i(t,a_1+\tau)] &= [i(t-\tau,0)i(t-\tau,a_1)] \\
&= \beta\left(\xi\frac{\int_0^\tau [Si(t-\tau,a)]\mathrm{d}a}{[S](t-\tau)}+1\right)[Si(t-\tau,a_1)] \\
&= \beta\left(\xi\frac{[SI](t-\tau)}{[S](t-\tau)}+1\right)[Si(t-\tau,a_1)]
\end{aligned} \tag{2.40}
$$

综合上述两种情况,可以推导出$[II]$的变化方程:

$$
\begin{aligned}
[\dot{II}](t) &= 2\int_0^\tau\int_0^{\tau-a_1}\frac{\partial[i(t,a)i(t,a_1+a)]}{\partial t}\mathrm{d}a\,\mathrm{d}a_1 \\
&= 2\int_0^\tau\int_0^{\tau-a_1}-\frac{\partial[i(t,a)i(t,a_1+a)]}{\partial a}\mathrm{d}a\,\mathrm{d}a_1 \\
&= 2\int_0^\tau([i(t,0)i(t,a_1)]-[i(t,\tau-a_1)i(t,\tau)])\mathrm{d}a_1
\end{aligned} \tag{2.41}
$$

且满足:当 $0\leqslant t\leqslant\tau-a_1$ 时,

$$
[\dot{II}](t)=2\beta\left(\xi\frac{[SI](t)}{[S](t)}+1\right)[SI](t)-2\frac{n}{N}([I](0))^2\psi(\tau-t)\int_0^\tau\psi(\tau-a_1-t)\mathrm{d}a_1 \tag{2.42}
$$

当 $\tau-a_1<t\leqslant\tau$ 时,通过结合当 $t-\tau+a_1<a_1$ 时的$[Si(t-\tau+a_1,a_1)]$的解,可得

$$
\begin{aligned}
[\dot{II}](t) &= -2\int_0^\tau\beta\left(\xi\frac{[SI](t-\tau+a_1)}{[S](t-\tau+a_1)}+1\right)[Si(t-\tau+a_1,a_1)]\mathrm{d}a_1+ \\
&\quad 2\beta\left(\xi\frac{[SI](t)}{[S](t)}+1\right)[SI](t) \\
&= 2\beta\left(\xi\frac{[SI](t)}{[S](t)}+1\right)[SI](t)-2\frac{n}{N}\beta[S](0)[I](0)\psi(\tau-t)\cdot \\
&\quad \int_0^\tau \mathrm{e}^{-\int_0^{t-\tau+a_1}\beta\xi\frac{[SI](u)}{[S](u)}\mathrm{d}u}\mathrm{e}^{-(\beta+\omega)(t-\tau+a_1)}\left(\xi\frac{[SI](t-\tau+a_1)}{[S](t-\tau+a_1)}+1\right)\mathrm{d}a_1
\end{aligned} \tag{2.43}
$$

当 $t>\tau$ 时,可得

$$
\begin{aligned}
[\dot{II}](t) &= -2\int_0^\tau\beta\left(\xi\frac{[SI](t-\tau+a_1)}{[S](t-\tau+a_1)}+1\right)[Si(t-\tau+a_1,a_1)]\mathrm{d}a_1+ \\
&\quad 2\beta\left(\xi\frac{[SI](t)}{[S](t)}+1\right)[SI](t) \\
&= -2\beta^2\xi\frac{[SS](t-\tau)[SI](t-\tau)}{[S](t-\tau)}\int_0^\tau\left(\xi\frac{[SI](t-\tau+a_1)}{[S](t-\tau+a_1)}+1\right)\mathrm{e}^{-(\beta+\omega)a_1}\cdot \\
&\quad \mathrm{e}^{-\int_{t-\tau}^{t-\tau+a_1}\beta\xi\frac{[SI](u)}{[S](u)}\mathrm{d}u}\mathrm{d}a_1+2\beta\left(\xi\frac{[SI](t)}{[S](t)}+1\right)[SI](t)
\end{aligned}
$$

(2.44)

类似于求解方程(2.25)的方法，对于一阶偏微分方程(2.17)，可以得到如下解：

$$[i(t,a)R]=\begin{cases}[i(0,a-t)R],\ 0\leqslant t\leqslant a\\ [i(t-a,0)R],\ t>a\end{cases} \tag{2.45}$$

进而，当 $0\leqslant t\leqslant\tau$ 时，可得

$$[i(t,\tau)R]=[i(0,\tau-t)R]=\frac{n}{N}[R](0)[I](0)\psi(\tau-t) \tag{2.46}$$

当 $t>\tau$ 时，可得

$$[i(t,\tau)R]=[i(t-\tau,0)R]=\beta\xi\frac{[SR](t-\tau)[SI](t-\tau)}{[S](t-\tau)} \tag{2.47}$$

类似于$[\dot{II}]$的推导过程，推导可得

$$\begin{aligned}[\dot{IR}](t)&=\int_0^\tau\int_{\tau-a_1}^\tau\frac{\partial[i(t,a)i(t,a_1+a)]}{\partial t}\mathrm{d}a\,\mathrm{d}a_1+\int_0^\tau\frac{\partial[i(t,a)R]}{\partial t}\mathrm{d}a\\&=-\int_0^\tau\int_{\tau-a_1}^\tau\frac{\partial[i(t,a)i(t,a_1+a)]}{\partial a}\mathrm{d}a\,\mathrm{d}a_1-\int_0^\tau\frac{\partial[i(t,a)R]}{\partial a}\mathrm{d}a\\&=\int_0^\tau([i(t,\tau-a_1)i(t,\tau)]-[i(t,\tau)i(t,a_1+\tau)])\,\mathrm{d}a_1+\\&\quad[i(t,0)R]-[i(t,\tau)R]\end{aligned} \tag{2.48}$$

进一步，可给出如下的 3 种情况：

当 $0\leqslant t\leqslant\tau-a_1$ 时，

$$\begin{aligned}[\dot{IR}](t)=&\frac{n}{N}([I](0))^2\int_0^\tau\psi(\tau-t)[\psi(\tau-a_1-t)-\psi(\tau-t+a_1)]\mathrm{d}a_1+\\&\beta\xi\frac{[SR](t)[SI](t)}{[S](t)}-\frac{n}{N}[R](0)[I](0)\psi(\tau-t)\\=&\frac{n}{N}[I](0)\psi(\tau-t)\left\{[I](0)\int_0^\tau[\psi(\tau-a_1-t)-\psi(\tau-t+a_1)]\,\mathrm{d}a_1-[R](0)\right\}+\\&\beta\xi\frac{[SR](t)[SI](t)}{[S](t)}\end{aligned} \tag{2.49}$$

当 $\tau-a_1<t\leqslant\tau$ 时，可得

$$
\begin{aligned}
[\dot{IR}](t) =& \int_0^\tau \beta\left(\xi \frac{[SI](t-\tau+a_1)}{[S](t-\tau+a_1)}+1\right) \mathrm{e}^{-(\beta+\omega)(t-\tau+a_1)} \frac{n}{N}[S](0)[I](0)\psi(\tau-t) \cdot \\
& \mathrm{e}^{-\int_0^{t-\tau+a_1} \beta\xi \frac{[SI](u)}{[S](u)} \mathrm{d}u} \mathrm{d}a_1 - \frac{n}{N}([I](0))^2 \int_0^\tau \psi(\tau-t)\psi(\tau-t+a_1)\mathrm{d}a_1 + \\
& \beta\xi \frac{[SR](t)[SI](t)}{[S](t)} - \frac{n}{N}[R](0)[I](0)\psi(\tau-t) \\
=& \beta\xi \frac{[SR](t)[SI](t)}{[S](t)} + \frac{n}{N}[I](0)\psi(\tau-t) \cdot \\
& \left[\beta[S](0)\int_0^\tau \left(\xi \frac{[SI](t-\tau+a_1)}{[S](t-\tau+a_1)}+1\right)\beta[S](0) \cdot \right. \\
& \left. \mathrm{e}^{-(\beta+\omega)(t-\tau+a_1)} \mathrm{e}^{-\int_0^{t-\tau+a_1} \beta\xi \frac{[SI](u)}{[S](u)} \mathrm{d}u} \mathrm{d}a_1 - [I](0)\int_0^\tau \psi(\tau-t+a_1)\mathrm{d}a_1 - [R](0)\right]
\end{aligned}
\tag{2.50}
$$

当 $t>\tau$ 时，可得

$$
\begin{aligned}
[\dot{IR}](t) =& \int_0^\tau \beta\left(\xi \frac{[SI](t-\tau+a_1)}{[S](t-\tau+a_1)}+1\right)[Si(t-\tau+a_1,a_1)]\mathrm{d}a_1 + \\
& \beta\xi \frac{[SR](t)[SI](t)}{[S](t)} - \\
& \int_0^\tau \beta\left(\xi \frac{[SI](t-\tau)}{[S](t-\tau)}+1\right)[Si(t-\tau,a_1)]\mathrm{d}a_1 - \beta\xi \frac{[SR](t-\tau)[SI](t-\tau)}{[S](t-\tau)} \\
=& \beta^2\xi \frac{[SS](t-\tau)[SI](t-\tau)}{[S](t-\tau)} \int_0^\tau \left(\xi \frac{[SI](t-\tau+a_1)}{[S](t-\tau+a_1)}+1\right) \mathrm{e}^{-(\beta+\omega)a_1} \cdot \\
& \mathrm{e}^{-\int_{t-\tau}^{t-\tau+a_1} \beta\xi \frac{[SI](u)}{[S](u)} \mathrm{d}u} \mathrm{d}a_1 - \beta\left(\xi \frac{[SR](t-\tau)}{[S](t-\tau)} + \xi \frac{[SI](t-\tau)}{[S](t-\tau)}+1\right) \\
& [SI](t-\tau) + \beta\xi \frac{[SR](t)[SI](t)}{[S](t)}
\end{aligned}
\tag{2.51}
$$

结合式(2.46)和式(2.47)，以及式(2.39)和式(2.40)，可以分两种情况给出方程(2.20)的形式：

当 $0\leqslant t\leqslant\tau$ 时，可得

$$
\begin{aligned}
[\dot{RR}](t) =& 2\frac{n}{N}[R](0)[I](0)\psi(\tau-t) + 2\frac{n}{N}([I](0))^2 \int_0^\tau \psi(\tau-t)\psi(\tau-t+a_1)\mathrm{d}a_1 \\
=& 2\frac{n}{N}[I](0)\psi(\tau-t)\left[[R](0)+[I](0)\int_0^\tau \psi(\tau-t+a_1)\mathrm{d}a_1\right]
\end{aligned}
\tag{2.52}
$$

当 $t>\tau$ 时,可得

$$
\begin{aligned}
[\dot{RR}](t) &= 2\int_0^\tau [i(t,\tau)i(t,a_1+\tau)]\mathrm{d}a_1 + 2[i(t,\tau)R] \\
&= 2\int_0^\tau \beta\left(\xi\frac{[SI](t-\tau)}{[S](t-\tau)}+1\right)[Si(t-\tau,a_1)]\mathrm{d}a_1 + 2\beta\xi\frac{[SR](t-\tau)[SI](t-\tau)}{[S](t-\tau)} \\
&= 2\beta\left(\xi\frac{[SR](t-\tau)}{[S](t-\tau)}+\xi\frac{[SI](t-\tau)}{[S](t-\tau)}+1\right)[SI](t-\tau)
\end{aligned}
\tag{2.53}
$$

总结上述从式(2.25)到式(2.53)的推导过程,根据 τ 的不同范围,模型(2.23)可转化为下述两种情况下具有自适应重连和染病期时滞的 SIR 传染病模型:

当 $0\leqslant t\leqslant\tau$ 时,可得

$$[\dot{S}](t) = -\beta[SI](t) \tag{2.54a}$$

$$[\dot{I}](t) = \beta[SI](t) - [I](0)\psi(\tau-t) \tag{2.54b}$$

$$[\dot{R}](t) = [I](0)\psi(\tau-t) \tag{2.54c}$$

$$[\dot{SS}](t) = -2\left(\beta\xi\frac{[SS](t)}{[S](t)} - \omega\frac{[S](t)}{[S](t)+[R](t)}\right)[SI](t) \tag{2.54d}$$

$$[\dot{SI}](t) = \left(\beta\xi\frac{[SS](t)}{[S](t)} - \beta\xi\frac{[SI](t)}{[S](t)} - \beta - \omega\right)[SI](t) - \frac{n}{N}[S](0)[I](0)\psi(\tau-t) \tag{2.54e}$$

$$[\dot{SR}](t) = -\left(\beta\xi\frac{[SR](t)}{[S](t)} - \omega\frac{[R](t)}{[S](t)+[R](t)}\right)[SI](t) + \frac{n}{N}[S](0)[I](0)\psi(\tau-t) \tag{2.54f}$$

$$
[\dot{II}](t) = \begin{cases}
2\beta\left(\xi\dfrac{[SI](t)}{[S](t)}+1\right)[SI](t) - 2\dfrac{n}{N}([I](0))^2\psi(\tau-t)\displaystyle\int_0^\tau \psi(\tau-a_1-t)\mathrm{d}a_1, \\
\quad 0\leqslant t<\tau-a_1 \\
-2\dfrac{n}{N}\beta[S](0)[I](0)\psi(\tau-t)\displaystyle\int_0^\tau \mathrm{e}^{-\int_0^{t-\tau+a}\beta\xi\frac{[SI](u)}{[S](u)}\mathrm{d}u}\,\mathrm{e}^{-(\beta+\omega)(t-\tau+a_1)}\cdot \\
\quad \left(\xi\dfrac{[SI](t-\tau+a_1)}{[S](t-\tau+a_1)}+1\right)\mathrm{d}a_1 + 2\beta\left(\xi\dfrac{[SI](t)}{[S](t)}+1\right)[SI](t),\ \tau-a_1\leqslant t<\tau
\end{cases}
\tag{2.54g}
$$

$$
\dot{[IR]}(t)=
\begin{cases}
\frac{n}{N}[I](0)\psi(\tau-t)\left\{[I](0)\int_0^\tau[\psi(\tau-a_1-t)-\psi(\tau-t+a_1)]\mathrm{d}a_1-[R](0)\right\}+ \\
\quad\beta\xi\frac{[SR](t)[SI](t)}{[S](t)},0\leqslant t<\tau-a_1 \\
\frac{n}{N}[I](0)\psi(\tau-t)\left\{\beta[S](0)\int_0^\tau \mathrm{e}^{-\int_0^{t-\tau+a_1}\beta\xi\frac{[SI](u)}{[S](u)}\mathrm{d}u}\mathrm{e}^{-(\beta+\omega)(t-\tau_1+a_1)}\cdot\right. \\
\quad\left.\left(\xi\frac{[SI](t-\tau+a_1)}{[S](t-\tau+a_1)}+1\right)\mathrm{d}a_1-[I](0)\int_0^\tau\psi(\tau-t+a_1)\mathrm{d}a_1-[R](0)\right\}+ \\
\quad\beta\xi\frac{[SR](t)[SI](t)}{[S](t)},\tau-a_1\leqslant t<\tau
\end{cases}
\tag{2.54h}
$$

$$
\dot{[RR]}(t)=2\frac{n}{N}[I](0)\psi(\tau-t)\left[[R](0)+[I](0)\int_0^\tau\psi(\tau-t+a_1)\mathrm{d}a_1\right] \tag{2.54i}
$$

当 $t>\tau$ 时，可得

$$
\dot{[S]}(t)=-\beta[SI](t) \tag{2.55a}
$$

$$
\dot{[I]}(t)=\beta[SI](t)-\beta[SI](t-\tau) \tag{2.55b}
$$

$$
\dot{[R]}(t)=\beta[SI](t-\tau) \tag{2.55c}
$$

$$
\dot{[SS]}(t)=-2\left(\beta\xi\frac{[SS](t)}{[S](t)}-\omega\frac{[S](t)}{[S](t)+[R](t)}\right)[SI](t) \tag{2.55d}
$$

$$
\begin{aligned}
\dot{[SI]}(t)=&\left(\beta\xi\frac{[SS](t)}{[S](t)}-\beta\xi\frac{[SI](t)}{[S](t)}-\beta-\omega\right)[SI](t)- \\
&\beta\xi\frac{[SS](t-\tau)[SI](t-\tau)}{[S](t-\tau)}\cdot\mathrm{e}^{-(\beta+\omega)\tau}\exp\left(-\int_{t-\tau}^t\beta\xi\frac{[SI](u)}{[S](u)}\mathrm{d}u\right)
\end{aligned}
\tag{2.55e}
$$

$$
\begin{aligned}
\dot{[SR]}(t)=&\beta\xi\frac{[SS](t-\tau)[SI](t-\tau)}{[S](t-\tau)}\mathrm{e}^{-(\beta+\omega)\tau}\exp\left(-\int_{t-\tau}^t\beta\xi\frac{[SI](u)}{[S](u)}\mathrm{d}u\right)- \\
&\left(\beta\xi\frac{[SR](t)}{[S](t)}-\omega\frac{[R](t)}{[S](t)+[R](t)}\right)[SI](t)
\end{aligned}
\tag{2.55f}
$$

$$
\begin{aligned}
\dot{[II]}(t)=&-2\beta^2\xi\frac{[SS](t-\tau)[SI](t-\tau)}{[S](t-\tau)}\int_0^\tau\left(\xi\frac{[SI](t-\tau+a_1)}{[S](t-\tau+a_1)}+1\right)\mathrm{e}^{-(\beta+\omega)a_1}\cdot \\
&\mathrm{e}^{-\int_{t-\tau}^{t-\tau+a_1}\beta\xi\frac{[SI](u)}{[S](u)}\mathrm{d}u}\mathrm{d}a_1+2\beta\left(\xi\frac{[SI](t)}{[S](t)}+1\right)[SI](t)
\end{aligned}
\tag{2.55g}
$$

$$[\dot{IR}](t)=\beta^2\xi\frac{[SS](t-\tau)[SI](t-\tau)}{[S](t-\tau)}\int_0^\tau\left(\xi\frac{[SI](t-\tau+a_1)}{[S](t-\tau+a_1)}+1\right)\cdot$$

$$\mathrm{e}^{-(\beta+\omega)a_1}\mathrm{e}^{-\int_{t-\tau}^{t-\tau+a_1}\beta\xi\frac{[SI](u)}{[S](u)}\mathrm{d}u}\mathrm{d}a_1-\beta\left(\xi\frac{[SR](t-\tau)}{[S](t-\tau)}+\xi\frac{[SI](t-\tau)}{[S](t-\tau)}+1\right)\cdot$$

$$[SI](t-\tau)+\beta\xi\frac{[SR](t)[SI](t)}{[S](t)} \tag{2.55h}$$

$$[\dot{RR}](t)=2\beta\left(\xi\frac{[SR](t-\tau)}{[S](t-\tau)}+\xi\frac{[SI](t-\tau)}{[S](t-\tau)}+1\right)[SI](t-\tau) \tag{2.55i}$$

鉴于模型长期变化的动力学行为研究具有更深远的意义，以下将重点对模型(2.55)进行理论分析。

2.1.2 基本再生数

在流行病学中，基本再生数和最终流行规模是评估公众健康安全和政府决策的两个最重要指标。其中，基本再生数是衡量传染病是否暴发的一个关键指标，而最终流行规模则是在整个疫情的过程中对经历过感染的个体总数的测量。最终，这些染病者都会康复并转变为康复者。

在传染病模型中，易感节点的感染发生在 $S-I$ 二元组内部。定义基本再生数 R_0 为 $S-I$ 二元组的平均寿命(即存在时间)与单位时间内新产生的 $S-I$ 二元组数量的乘积[8]。对于整个网络中的所有 $S-I$ 二元组，其数量减少包括 3 种情况：

(1)二元组 $S-I$ 中的染病节点康复。

(2)$S-I$ 二元组断开后并重连到其他的易感节点或康复节点上。

(3)$S-I$ 二元组中的节点被二元组内或二元组外的染病节点感染。

定义随机变量 X 表示 $S-I$ 二元组的寿命。假设在 $S-I$ 二元组中，对于染病节点 I 的康复过程其概率密度函数为 $f_\gamma(t)$，幸存概率为 $p_\gamma(t)$。由于染病期是 τ，因此 $f_\gamma(t)$ 是 $\delta(t-\tau)$ 函数且 $p_\gamma(t)=\begin{cases}1,0\leqslant t\leqslant\tau\\0,t>\tau\end{cases}$。类似地，$S-I$ 二元组断开的概率密度函数为 $f_\omega(t)=\omega\mathrm{e}^{-\omega t}$，而未断开的概率为 $p_\omega(t)=\mathrm{e}^{-\omega t}$；$S-I$ 二元组中易感节点被传染的概率密度函数为 $f_i(t)=\beta\mathrm{e}^{-\beta t}$，进而易感节点 S 没有被传染的概率为 $p_i(t)=\mathrm{e}^{-\beta t}$。因此，3 个随机变量的最小值的平均值表示 $S-I$ 二元组的平均寿命，即

$$E(X)=\int_0^{+\infty}t[p_i(t)p_\omega(t)f_\gamma(t)+p_\gamma(t)p_\omega(t)f_i(t)+p_\gamma(t)p_i(t)f_\omega(t)]\mathrm{d}t$$

$$=\int_0^{+\infty} t\mathrm{e}^{-(\omega+\beta)t}\delta(t-\tau)\mathrm{d}t+\int_0^{\tau} t\beta\mathrm{e}^{-(\omega+\beta)t}\mathrm{d}t+\int_0^{\tau} t\omega\mathrm{e}^{-(\omega+\beta)t}\mathrm{d}t$$

$$=\int_0^{+\infty} t\mathrm{e}^{-(\omega+\beta)t}\delta(t-\tau)\mathrm{d}t+\int_0^{\tau} t(\omega+\beta)\mathrm{e}^{-(\omega+\beta)t}\mathrm{d}t$$

$$=\frac{1-\mathrm{e}^{-(\omega+\beta)\tau}}{\omega+\beta} \tag{2.56}$$

在 SIR 网络模型中，单位时间内新产生的 $S-I$ 二元组的数量是$\frac{\beta\xi[SS](0)}{[S](0)}$，其中，$[SS](0)$ 和$[S](0)$分别表示在初始时刻 $S-S$ 二元组的数量和易感节点的数量，并且$\frac{\beta\xi[SS](0)}{[S](0)}=\frac{\beta(n-1)}{N}[S](0)$。因此，可推出下面的基本再生数，即

$$R_0=\beta(n-1)\frac{[S](0)}{N}\frac{1-\mathrm{e}^{-(\omega+\beta)\tau}}{\omega+\beta} \tag{2.57}$$

显然，基本再生数 R_0 随着染病期 τ 的增加而增加。通过如下的式子：

$$\frac{\partial R_0}{\partial\beta}>0,\ \frac{\partial R_0}{\partial\omega}<0$$

可知基本再生数随着传染率 β 的增加或者重连率 ω 的减少而增加，即图 2.2 展示了基本再生数 R_0 随参数 β 和 ω 的变化。

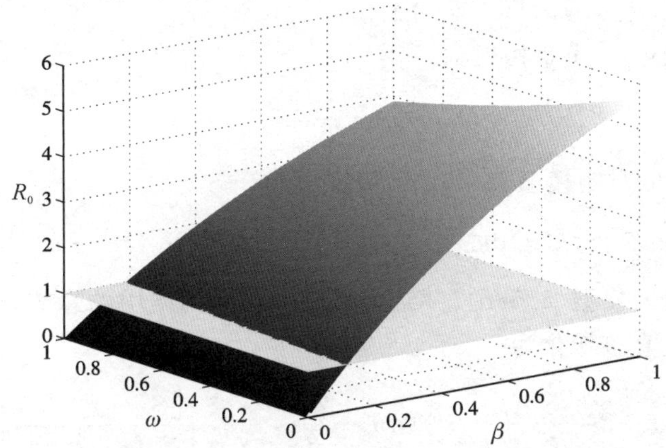

图 2.2　基本再生数 R_0 作为 β 和 ω 的函数图像，平面表示 $R_0=1$，其他参数为 $N=10000$，$n=10$，$\tau=1$

从流行病学的角度来看，当传染病暴发时，易感者应当尽量避免或切断与染病者的接触。此外，药物治疗有助于缩短染病者的染病期，从而有效地抑制染病者将病毒传播给更多的人。

2.1.3 最终流行规模

在不考虑人口出生、死亡的情况下，SIR 类型的流行病确保了传染性疾病能够最终灭绝，即$[I](\infty)=0$。当传染性疾病结束传播后，人群中的人员只有两种疾病状态，即易感状态和康复状态，且这些康复者都是由染病者康复后转变而来的。因此，最终流行规模 z 可表示为

$$z=1-\frac{[S](\infty)}{[S](0)} \tag{2.58}$$

其中，$[S](\infty)$是传染性疾病结束传播后剩余的易感节点的数量；$S(0)$是初始时刻易感节点的数量。

接下来，本小节将继续讨论具有自适应重连和染病期时滞的 SIR 传染病模型(2.54)和(2.55)的最终流行规模。

对模型(2.55e)利用常数变易法求解 $[SI](t)$，可得

$$\begin{aligned}[SI](t)&=\int_{t-\tau}^{t}\beta\xi\frac{[SS](u)[SI](u)}{[S](u)}\mathrm{e}^{-\int_{u}^{t}\left(\beta+\omega+\beta\xi\frac{[SI](q)}{[S](q)}\right)\mathrm{d}q}\mathrm{d}u\\&=\int_{t-\tau}^{t}\beta\xi\frac{[SS](u)[SI](u)}{[S](u)}\mathrm{e}^{-(\beta+\omega)(t-u)}\mathrm{e}^{-\beta\xi\int_{u}^{t}\frac{[SI](q)}{[SS](q)}\mathrm{d}q}\mathrm{d}u\end{aligned} \tag{2.59}$$

由模型(2.55a)，可直接得到

$$[SI](t)=-\frac{1}{\beta}[\dot{S}](t) \tag{2.60}$$

结合式(2.60)，由模型(2.55b)，可推出

$$[I](t)=\int_{t-\tau}^{t}\beta[SI](u)\mathrm{d}u=-\int_{t-\tau}^{t}[\dot{S}](u)\mathrm{d}u=[S](t-\tau)-[S](t) \tag{2.61}$$

把式 (2.60) 代入模型(2.55d)，并结合式(2.61)和网络中的总节点数是固定常数 N，则该模型可直接转化为

$$[\dot{SS}](t)=2\xi\frac{[\dot{S}](t)}{[S](t)}[SS](t)-\frac{2\omega}{\beta}\cdot\frac{[S](t)[\dot{S}](t)}{N-[S](t-\tau)+[S](t)} \tag{2.62}$$

利用常数变易法求解上述一阶非线性齐次常微分方程(2.62)，对于 $t>\tau$，可得

$$[SS](t)=[SS](\tau)\left(\frac{[S](t)}{[S](\tau)}\right)^{2\xi}-\frac{2\omega}{\beta}([S](t))^{2\xi}\int_{\tau}^{t}\frac{[\dot{S}](q)([S](q))^{1-2\xi}}{N-[S](q-\tau)+[S](q)}\mathrm{d}q \tag{2.63}$$

通过把式(2.60)代入式(2.59)中进行计算，可得

$$
\begin{aligned}
[SI](t) &= -\xi\int_{t-\tau}^{t}\frac{[\dot{S}](u)}{[S](u)}[SS](u)\mathrm{e}^{-(\beta+\omega)(t-u)}\mathrm{e}^{\xi\ln\frac{[S](t)}{[S](u)}}\mathrm{d}u \\
&= -\xi\mathrm{e}^{-(\beta+\omega)t}([S](t))^{\xi}\int_{t-\tau}^{t}\frac{[\dot{S}](u)}{([S](u))^{1+\xi}}[SS](u)\mathrm{e}^{(\beta+\omega)u}\mathrm{d}u
\end{aligned}
\tag{2.64}
$$

将式(2.63)代入式(2.64),对于 $t>2\tau$,可得

$$
[SI](t) = -\xi\mathrm{e}^{-(\beta+\omega)t}\frac{([S](t))^{\xi}}{([S](\tau))^{2\xi}}[SS](\tau)\int_{t-\tau}^{t}\frac{[\dot{S}](u)}{([S](u))^{1-\xi}}\mathrm{e}^{(\beta+\omega)u}\mathrm{d}u +
$$

$$
\xi\frac{2\omega}{\beta}\mathrm{e}^{-(\beta+\omega)t}([S](t))^{\xi}\int_{t-\tau}^{t}\frac{[\dot{S}](u)}{([S](u))^{1-\xi}}\mathrm{e}^{(\beta+\omega)u}\int_{\tau}^{u}\frac{[\dot{S}](q)([S](q))^{1-2\xi}}{N-[S](q-\tau)+[S](q)}\mathrm{d}q\,\mathrm{d}u
\tag{2.65}
$$

将式(2.60)代入式(2.65)的左端,可得

$$
[\dot{S}](t) = \beta\xi\mathrm{e}^{-(\beta+\omega)t}\frac{([S](t))^{\xi}}{([S](\tau))^{2\xi}}[SS](\tau)\int_{t-\tau}^{t}\frac{[\dot{S}](u)}{([S](u))^{1-\xi}}\mathrm{e}^{(\beta+\omega)u}\mathrm{d}u -
$$

$$
2\omega\xi\mathrm{e}^{-(\beta+\omega)t}([S](t))^{\xi}\int_{t-\tau}^{t}\frac{[\dot{S}](u)}{([S](u))^{1-\xi}}\mathrm{e}^{(\beta+\omega)u}\int_{\tau}^{u}\frac{[\dot{S}](q)([S](q))^{1-2\xi}}{N-[S](q-\tau)+[S](q)}\mathrm{d}q\,\mathrm{d}u
\tag{2.66}
$$

进一步整理方程(2.66),可得

$$
\begin{aligned}
\frac{[\dot{S}](t)}{([S](t))^{\xi}} &= \beta\xi\mathrm{e}^{-(\beta+\omega)t}\frac{[SS](\tau)}{([S](\tau))^{2\xi}}\int_{t-\tau}^{t}\frac{[\dot{S}](u)}{([S](u))^{1-\xi}}\mathrm{e}^{(\beta+\omega)u}\mathrm{d}u - \\
&\quad 2\omega\xi\mathrm{e}^{-(\beta+\omega)t}\int_{t-\tau}^{t}\frac{[\dot{S}](u)}{([S](u))^{1-\xi}}\mathrm{e}^{(\beta+\omega)u}\int_{\tau}^{u}\frac{[\dot{S}](q)([S](q))^{1-2\xi}}{N-[S](q-\tau)+[S](q)}\mathrm{d}q\,\mathrm{d}u
\end{aligned}
\tag{2.67}
$$

对方程(2.67)从 2τ 到 ∞ 进行积分,推导可得

$$
\frac{([S](\infty))^{1-\xi}-([S](2\tau))^{1-\xi}}{1-\xi} = \beta\xi\frac{[SS](\tau)}{([S](\tau))^{2\xi}}X_1 - 2\omega\xi Y_1
\tag{2.68}
$$

其中,X_1、Y_1 分别有如下的形式:

$$
\begin{aligned}
X_1 &= \int_{2\tau}^{\infty}\mathrm{e}^{-(\beta+\omega)t}\int_{t-\tau}^{t}\frac{[\dot{S}](u)}{([S](u))^{1-\xi}}\mathrm{e}^{(\beta+\omega)u}\mathrm{d}u\,\mathrm{d}t \\
&= \frac{\mathrm{e}^{-(\beta+\omega)2\tau}}{(\beta+\omega)}\int_{\tau}^{2\tau}\frac{[\dot{S}](u)}{([S](u))^{1-\xi}}\mathrm{e}^{(\beta+\omega)u}\mathrm{d}u - \frac{\mathrm{e}^{-(\beta+\omega)\tau}}{(\beta+\omega)\xi}[([S](\infty))^{\xi}-([S](\tau))^{\xi}] + \\
&\quad \frac{1}{(\beta+\omega)\xi}[([S](\infty))^{\xi}-([S](2\tau))^{\xi}]
\end{aligned}
$$

$$Y_1 = \int_{2\tau}^{\infty} e^{-(\beta+\omega)t} \int_{t-\tau}^{t} \frac{[\dot{S}](u)}{([S](u))^{1-\xi}} e^{(\beta+\omega)u} \int_{\tau}^{u} \frac{[\dot{S}](q)([S](q))^{1-2\xi}}{N-[S](q-\tau)+[S](q)} \mathrm{d}q\,\mathrm{d}u\,\mathrm{d}t$$

$$= \frac{e^{-(\beta+\omega)2\tau}}{\beta+\omega} \int_{\tau}^{2\tau} \mathrm{d}q \int_{q}^{2\tau} \frac{[\dot{S}](u)}{([S](u))^{1-\xi}} e^{(\beta+\omega)u} \frac{[\dot{S}](q)([S](q))^{1-2\xi}}{N-[S](q-\tau)+[S](q)} \mathrm{d}u -$$

$$\frac{e^{-(\beta+\omega)\tau}}{(\beta+\omega)\xi} \int_{\tau}^{\infty} [([S](\infty))^{\xi} - ([S](q))^{\xi}] \frac{[\dot{S}](q)([S](q))^{1-2\xi}}{N-[S](q-\tau)+[S](q)} \mathrm{d}q +$$

$$\frac{1}{(\beta+\omega)\xi} \int_{\tau}^{2\tau} [([S](\infty))^{\xi} - ([S](2\tau))^{\xi}] \frac{[\dot{S}](q)([S](q))^{1-2\xi}}{N-[S](q-\tau)+[S](q)} \mathrm{d}q +$$

$$\frac{1}{(\beta+\omega)\xi} \int_{2\tau}^{\infty} [([S](\infty))^{\xi} - ([S](q))^{\xi}] \frac{[\dot{S}](q)([S](q))^{1-2\xi}}{N-[S](q-\tau)+[S](q)} \mathrm{d}q$$

对于方程(2.68)中 $[S](\tau)$、$[SS](\tau)$ 和 $[S](2\tau)$ 的计算过程详见文献[7]。利用文献[7]中的推导过程,可以得到最终流行规模 z 满足的形式:

$$\frac{(1-z)^{1-\xi}-1}{\frac{1-\xi}{\xi}} = R_0[(1-z)^{\xi}-1] -$$

$$2\omega\xi([S](0))^{2\xi-1} \frac{1-e^{-(\beta+\omega)\tau}}{\beta+\omega} (1-z)^{\xi} \int_{\tau}^{\infty} \frac{[\dot{S}](q)([S](q))^{1-2\xi}}{N-[S](q-\tau)+[S](q)} \mathrm{d}q - \quad (2.69)$$

$$2\omega\xi([S](0))^{\xi-1} \frac{1-e^{-(\beta+\omega)\tau}}{\beta+\omega} \int_{\tau}^{\infty} \frac{[\dot{S}](q)([S](q))^{1-\xi}}{N-[S](q-\tau)+[S](q)} \mathrm{d}q$$

显然,当 $\omega=0$ 时,方程(2.69)变成了文献[8]中所给的标准形式。然而,当引入自适应重连机制时,最终流行规模与基本再生数之间的关系将变得更加复杂。此时,方程(2.69)中的积分项反映了自适应重连机制的影响。

图 2.3 展示了在不同的传染率 β 下,染病期 τ 和重连率 ω 对于最终流行规模 z 的影响[7]。从图 2.3(a)中可以看出,在不同的传染率条件下,最终流行规模随着染病期的变化呈现相似的趋势:起初增长缓慢,随后迅速增加,最后趋于平缓。尽管随着传染率的提高,这一趋势的幅度会有所放大,但这可能是因为染病期的延长使得染病者能够持续更长时间地传播疾病,从而加速了疾病的传播。然而,当染病期足够长时,尽管疾病的传播速度加快,导致更多的 $S-I$ 连边产生,但重连机制通过破坏 $S-I$ 连边最终抑制了疾病传播。图 2.3(b)展示了随着重连率 ω 的增加,在不同传染率下,最终流行规模呈现出相似的趋势:首先上升,随后下降,且较小的传染率导致下降速度更快。这是因为重连机制倾向于将整个网络分割成两个互相连接的群体——易感群体和染病群体,这两个群体通过 $S-I$ 和 $I-R$ 边连接。当重连机制的效应开始显现时,$S-I$ 连边的数量减少,反而促进了易感群体的连接。

一旦传染病传播到易感群体中，疾病的传播速度加快，从而导致染病人数持续增加。因此，在重连机制下，随着重连率的进一步增大，两个群体的连接变得松散，疾病从染病群体到易感群体的传播变得更加困难，最终导致疾病流行规模下降。此外，在保持相同的重连率的情况下，较高的传染率会增大最终流行规模。

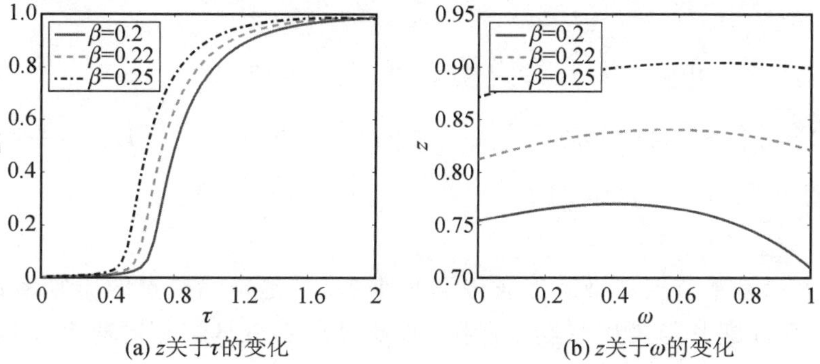

图 2.3　在不同的传染率 β 下，最终流行规模 z 随着参数的变化

2.2　具有自适应重连时滞的 SIS 传染病模型理论分析

在过去几十年中，许多学者研究了网络的拓扑结构如何影响疾病传播的动力学，但通常忽略了传染病传播对网络结构本身的反馈效应。例如，在严重急性呼吸综合征 SARS 暴发期间，由于疫情的蔓延，人们的行为发生了显著变化，导致各地飞往中国香港特区的航班数量比平时减少了 80%[9]。实际上，面对传染病的暴发，人们通常会采取多种防护措施来降低被感染的风险，如接种疫苗、佩戴口罩、避免前往公共场所及切断与染病者的接触等，这些行为都会对传染病的传播过程产生影响。个人会根据当前疾病的流行情况调整自己的行为，即个体的自适应行为，这可以通过基于人群疾病状态的连边、断边和重连来进行描述。

事实上，在个体的自适应行为变化过程中，替代行为的调整通常不会立即发生，而是需要一定的时间来做出反应，因此在建模时必须考虑完成这一过程中所花费的时间。基于 Gross 等提出的自适应重连机制，在重新连边过程中引入时滞效应，即易感者在切断与染病者的接触后，需要一定时间来寻找其他易感者并重新建立连边[1]。基于这一思路，本节的主要工作是研究自适应重连机制如何影响传染病的传播动态。

2.2.1　模型建立

基于上述自适应重连机制，定义 $X,Y,Z \in \{S,I\}$ 为每个节点的状态，且分别用$[X]$、$[XY]$、$[XYZ]$表示状态为 X 的节点的数量、$X-Y$ 二元组的数量，以及 $X-Y-Z$ 三元组的数量。因为网络是无向网络，所以 $[XX]$ 被计算两次，$[XY]=$

$[YX]$ 被计算一次。同时考虑网络是一种静态网络,即网络的总结点数 N 不随时间变化,因此我们建立了一个具有恒定节点数量的 SIS 传染病模型[1]:

$$\begin{aligned}
&[\dot{S}](t)=-\beta[SI](t)+\gamma[I](t)\\
&[\dot{I}](t)=\beta[SI](t)-\gamma[I](t)\\
&[\dot{SS}](t)=-2\beta[SSI](t)+2\gamma[SI](t)+2\omega[SI](t)\\
&[\dot{SI}](t)=\beta[SSI](t)-[ISI](t)-[SI](t)-\gamma[SI](t)+\gamma[II](t)-\omega[SI](t)\\
&[\dot{II}](t)=2\beta[ISI](t)+[SI](t)-2\gamma[II](t)
\end{aligned} \tag{2.70}$$

其中,β 表示易感节点被染病邻居传染的速率;γ 是染病节点的康复率;易感节点以重连速率 ω 断开与染病节点的连接(即 $S-I$),并立即以相同速率 ω 重新连接其他易感节点。更具体地说,一条连边中两个节点的状态可能会发生如下变化:

(1) $S-S$ 连边中的任何易感节点都可能被 $S-S-I$ 三元组(由 $\beta[SSI]$表示)中的邻居感染,后者将 $S-S$ 连边转换为 $S-I$ 连边。

(2) $S-I$ 连边中的易感节点被 $S-I$ 连边中的染病节点或 $I-S-I$ 三元组中的另一个染病节点感染(由 $\beta[SI]$或者 $\beta[ISI]$表示),则 $S-I$ 连边转变为 $I-I$ 连边。

(3) $S-I$ 连边中染病节点康复(由 $\gamma[SI]$表示)促成 $S-S$ 连边形成。

(4) $I-I$ 连边中两个染病节点中的任何一个都可以康复(由 $\gamma[II]$ 表示),生成 $S-I$ 连边。

根据 Gross 等提出的具有自适应重连时滞的 SIS 传染病模型(2.70),在该模型的断边重连过程中引入重连时滞。具体来说,当易感者意识到可能会被与其相连的染病邻居感染时,它会断开当前连边,并花费一定时间 τ 来寻找其他新的易感者进行重连(见图 2.4)。

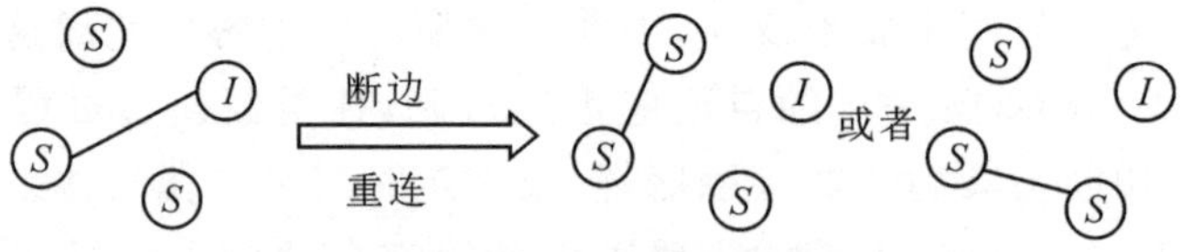

图 2.4 $S-I$ 边的自适应重连机制示意图

为了封闭模型,假设在三元组 $[XYZ]$ 中 Y 状态节点的邻居数量服从泊松分布[10],则有

$$[XYZ]=\frac{[XY][YZ]}{[Y]} \tag{2.71}$$

结合重连时滞和特定的三元组转化为二元组形式(2.71),将其引入模型

(2.70)中,最终可得以下具有自适应重连时滞的 SIS 传染病模型[11]:

$$
\begin{aligned}
&[\dot{S}](t)=-\beta[SI](t)+\gamma[I](t)\\
&[\dot{I}](t)=\beta[SI](t)-\gamma[I](t)\\
&[\dot{SS}](t)=-2\beta\frac{[SI](t)[SI](t)}{[S](t)}+2\gamma[SI](t)+2\omega[SI](t-\tau)\\
&[\dot{SI}](t)=\beta\left[\frac{[SS](t)[SI](t)}{[S](t)}-\frac{[SI](t)[SI](t)}{[S](t)}-[SI](t)\right]-\\
&\qquad\gamma[SI](t)+\gamma[II](t)-\omega[SI](t)\\
&[\dot{II}](t)=2\beta\left[\frac{[SI](t)[SI](t)}{[S](t)}+[SI](t)\right]-2\gamma[II](t)
\end{aligned}
\tag{2.72}
$$

在上述模型中,未考虑人口的出生、死亡等统计因素,可假设模型中总节点数为常数,记作

$$N=[S](t)+[I](t)\tag{2.73}$$

是满足 $[\dot{S}](t)+[\dot{I}](t)=0$ 的常数。因此,模型(2.72)可以简化为

$$
\begin{aligned}
&[\dot{I}](t)=\beta[SI](t)-\gamma[I](t)\\
&[\dot{SS}](t)=2\left[-\beta\frac{[SS](t)}{N-[I](t)}+\gamma\right][SI](t)+2\omega[SI](t-\tau)\\
&[\dot{SI}](t)=\left[\beta\frac{[SS](t)}{N-[I](t)}-\beta\frac{[SI](t)}{N-[I](t)}-\beta-\gamma-\omega\right][SI](t)+\gamma[II](t)\\
&[\dot{II}](t)=2\beta\left[\frac{[SI](t)}{N-[I](t)}+1\right][SI](t)-2\gamma[II](t)
\end{aligned}
\tag{2.74}
$$

为了便于后续的理论分析,令

$$u_1=[I],u_2=[SS],u_3=[SI],u_4=[II]\tag{2.75}$$

则模型(2.74)转变为

$$
\begin{aligned}
&\dot{u}_1(t)=\beta u_3(t)-\gamma u_1(t)\\
&\dot{u}_2(t)=2\left[\left(-\beta\frac{u_2(t)}{N-u_1(t)}+\gamma\right)\right]u_3(t)+2\omega u_3(t-\tau)\\
&\dot{u}_3(t)=\left[\beta\frac{u_2(t)}{N-u_1(t)}-\beta\frac{u_3(t)}{N-u_1(t)}-\beta-\gamma-\omega\right]u_3(t)+\gamma u_4(t)\\
&\dot{u}_4(t)=2\beta\left[\frac{u_3(t)}{N-u_1(t)}+1\right]u_3(t)-2\gamma u_4(t)
\end{aligned}
\tag{2.76}
$$

接下来的内容主要研究模型(2.76)的动力学行为。

2.2.2 平衡点及其稳定性

为了讨论模型(2.76)的动力学行为及重连时滞 τ 的影响，以下将分别考虑无时滞和有时滞的两种情况。

当重连时滞 $\tau=0$ 时，这意味着当易感者切断与染病者的连接后，它们会立即重新连接到其他易感者。对于这种情况，由 $\dot{u}_2(t)+2\dot{u}_3(t)+\dot{u}_4(t)=0$，有 $u_2(t)+2u_3(t)+u_4(t)=nN$，其中 n 是网络的平均度，因此模型(2.76)可以进一步简化为

$$\begin{aligned}
&\dot{u}_1(t)=\beta u_3(t)-\gamma u_1(t)\\
&\dot{u}_2(t)=2\left[-\beta\frac{u_2(t)}{N-u_1(t)}+\gamma\right]u_3(t)+2\omega u_3(t)\\
&\dot{u}_3(t)=\left[\beta\frac{u_2(t)}{N-u_1(t)}-\beta\frac{u_3(t)}{N-u_1(t)}-\beta-\gamma-\omega\right]u_3(t)+\gamma\left[nN-u_2(t)-2u_3(t)\right]
\end{aligned}\tag{2.77}$$

从动力学角度来看，模型(2.77)存在无病平衡点 $E_0=(0,nN,0)$ 和地方病平衡点 (u_1^*,u_2^*,u_3^*)，其中 u_1^* 满足下述一元二次方程：

$$C_1(u_1^*)^2-C_2u_1^*+C_3=0\tag{2.78}$$

其中

$$\begin{aligned}
C_1&=\beta-\omega\\
C_2&=(n\beta+\beta-2\omega)N\\
C_3&=(n\beta-\gamma-\omega)N^2
\end{aligned}$$

接下来，分类讨论方程(2.78)正实数根的分布情况。

(1)当 $C_1=0$ 时，如果 $C_3>0$，可推出 $n\beta-\beta-\gamma>0$，则存在唯一的 u_1^*，即

$$u_1^*=\frac{n\beta-\beta-\gamma}{n\beta-\beta}N=\left(1-\frac{\gamma}{n\beta-\beta}\right)N$$

其中，$0<u_1^*<N$。因此，模型(2.77)存在一个唯一的地方病平衡点 $E_s=(u_1^*,u_2^*,u_3^*)$，且 u_2^*、u_3^* 表示为

$$u_2^*=\frac{(\gamma+\omega)(N-u_1^*)}{\beta},u_3^*=\frac{\gamma u_1^*}{\beta}\tag{2.79}$$

否则，模型(2.77)不存在地方病平衡点。

(2)当 $C_1\neq 0$ 时，从方程(2.78)可以得到

$$u_1^{*\pm}=\frac{1}{2}\cdot\frac{(\beta n+\beta-2\omega\pm\sqrt{\Delta})N}{\beta-\omega}$$

其中

$$\Delta=(n-1)^2\beta^2+4\gamma(\beta-\omega)$$

根据参数，对于 $C_1<0$ 和 $C_1>0$，存在多种情形。

情形 1：当 $C_1<0$ 时，由 C_3 的取值范围再分类可得

a. 当 $C_3=n\beta-\gamma-\omega>0$ 时，$\Delta<(\beta n+\beta-2\omega)^2$ 显然成立，且由 $\beta n+\beta-2\omega\geqslant 2(\beta-\omega)>0$，可推导出 $u_1^{*\pm}>0$，且

$$u_1^{*\pm}=\frac{1}{2}\cdot\frac{(\beta n+\beta-2\omega\pm\sqrt{\Delta})N}{\beta-\omega}\geqslant\frac{1}{2}\cdot\frac{[2(\beta-\omega)\pm\sqrt{\Delta}]N}{\beta-\omega}=N\pm\frac{1}{2}\frac{N\sqrt{\Delta}}{\beta-\omega}$$

则有 $u_1^{*-}<N,u_1^{*+}>N$，后者不可能成立，因为 N 是人口总数。因此，对于该情况，在模型(2.77)中只存在唯一可行的正平衡点 $E_1=(u_1^{*-},u_2^{*-},u_3^{*-})$。

b. 当 $C_3=0$ 时，有

$$u_1^{*-}=0,\ u_1^{*+}=\frac{1}{2}\cdot\frac{2(\beta n+\beta-2\omega)N}{\beta-\omega}\geqslant\frac{2(\beta-\omega)N}{\beta-\omega}=2N$$

因此模型(2.77)中不存在正平衡点。

c. 当 $C_3<0$ 时，可得到 $u_1^{*-}<0,\ u_1^{*+}>0$，并且进一步可以得到

$$u_1^{*+}>\frac{1}{2}\cdot\frac{2(\beta n+\beta-2\omega)N}{\beta-\omega}\geqslant\frac{2(\beta-\omega)N}{\beta-\omega}=2N$$

这与式(2.73)矛盾。再次证明，模型(2.77)中不存在正平衡点。

类似地，可以讨论 $C_1>0$ 的子情形。

情形 2：当 $C_1>0$ 时，由 C_3 的取值范围再分类可得

a. 当 $C_3>0$ 时，可推出 $0<u_1^{*-}<N,\ u_1^{*+}<0$，则模型(2.77)存在唯一的正平衡点 $E_1=(u_1^{*-},u_2^{*-},u_3^{*-})$。

b. 当 $C_3=0$ 且 $C_4=n\beta+\beta-2\omega<0$ 时，则存在唯一的正平衡点 $E_1=(u_1^{*-},u_2^{*-},u_3^{*-})$。

c. 当 $C_3<0,\ C_4=n\beta+\beta-2\omega<0$ 且 $\Delta>0$ 时，则存在两个地方病平衡点 $E_1=(u_1^{*-},u_2^{*-},u_3^{*-})$ 和 $E_2=(u_1^{*+},u_{2+}^{*},u_3^{*+})$，其中

$$u_1^{*-}<\frac{1}{2}\cdot\frac{[\beta n+\beta-2\omega-(n-1)\beta]N}{\beta-\omega}=\frac{1}{2}\cdot\frac{2(\beta-\omega)N}{\beta-\omega}=N$$

$$u_1^{*+}\leqslant\frac{1}{2}\cdot\frac{[2(\beta-\omega)\pm\sqrt{\Delta}]N}{\beta-\omega}=N+\frac{1}{2}\cdot\frac{\sqrt{\Delta}N}{\beta-\omega}<N$$

注意：当 $\Delta=0$ 时，可得 $u_1^{*-}=u_1^{*+}$，这表明 E_1 和 E_2 重合。

综上所述，无时滞模型(2.77)中无、存在一个或两个地方病平衡点的情况见表 2.1。

表 2.1　地方病平衡点存在的条件

平衡点情况	条件
无	$C_1=0,C_3\leqslant 0$；或者 $C_1<0,C_3\leqslant 0$
E_s 或者 E_1	$C_3>0$；或者 $C_1>0,C_3=0,C_4<0$
E_1 和 E_2	$C_1>0,C_3<0,C_4<0,\Delta>0$

通过一些非线性变换，研究每个地方病平衡点的稳定性。结果表明[12]，自适应重连传染病模型展现出丰富的动力学行为，包括后向分岔、鞍结点分岔、霍普夫(Hopf)分岔、同宿分岔和余维二的波格丹诺夫－塔肯斯(Bogdanov-Takens)分岔(简称余维二分岔)。数值模拟进一步验证了文献[1]中所述的一些现象。因此，个体行为的自适应性改变与网络拓扑结构之间的相互作用对传染病的传播具有深远的影响。

与大多数动力学模型不同，随着重连时滞 $\tau > 0$ 的引入，模型(2.76)存在无穷多个平衡点，这些平衡点在直线 L 上，并且与 τ 的值无关，记为

$$L = \left\{0 \leqslant u_1 < N, u_2 = \frac{(\gamma + \omega)(N - u_1)}{\beta}, u_3 = \frac{\gamma}{\beta} u_1, u_4 = \frac{(N\beta - \beta u_1 + \gamma u_1) u_1}{\beta(N - u_1)}\right\}$$

并且 L 上的每个平衡点都是 u_1 的函数，这意味着，从模型(2.76)开始，在恒定参数下，染病群体的数量决定了网络上 $[SS]$、$[SI]$ 和 $[II]$ 连边的大小。

特别地，当 $u_1 = 0$ 时，模型(2.76) 中的无病平衡点为

$$E_0^\tau = \left(0, \frac{(\gamma + \omega) N}{\beta}, 0, 0\right)$$

这与模型(2.77)中的 $E_0 = (0, nN, 0)$ 不同。随着重连过程的进行，网络的总边数不再是一个固定值 nN，而是随着易感者和染病者之间的动态变化而不断调整。当染病人数足够少时，网络中基本只存在易感者之间的连边，这与康复、重连和感染率有关。

可以进一步推导出模型(2.76)在 E_0^τ 处的特征方程：

$$\lambda^2 (\lambda + \gamma)(\lambda + 2\gamma + \beta) = 0 \tag{2.80}$$

显然，除了两个特征根 $\lambda_1 = -\gamma$ 和 $\lambda_2 = -(2\gamma + \beta)$ 之外，还存在两个零特征根，它们与模型参数无关。因此，E_0^τ 的稳定性取决于二维中心流形上的动力学行为。与上述余维二分岔不同，这种分岔是高度退化的。这是一个在泛函微分方程领域中具有挑战性的研究课题，拟作为未来的研究重点。

分析集合 L 中每个平衡点的局部稳定性并非易事，尽管如此，仍然可以在每个平衡点 $(u_1^*, u_2^*, u_3^*, u_4^*)$ 处对模型(2.76)进行线性化，得到

$$\begin{aligned}
\dot{u}_1(t) &= -\gamma u_1(t) + \beta u_3(t) \\
\dot{u}_2(t) &= -\frac{2(\gamma+\omega)\gamma u_1^*}{\beta(N-u_1^*)}u_1(t) - \frac{2\gamma u_1^*}{N-u_1^*}u_2(t) - 2\omega u_3(t) + 2\omega u_3(t-\tau) \\
\dot{u}_3(t) &= \frac{(N\gamma + N\omega - 2\gamma u_1^* - \omega u_1^*)\gamma u_1^*}{\beta(N-u_1^*)^2}u_1(t) + \frac{\gamma u_1^*}{N-u_1^*}u_2(t) - \\
&\quad \frac{N\beta - \beta u_1^* + 2\gamma u_1}{N-u_1^*}u_3(t) + \gamma u_4(t) \\
\dot{u}_4(t) &= \frac{2\gamma^2(u_1^*)^2}{\beta(N-u_1^*)^2}u_1(t) + \frac{2(N\beta - \beta u_1^* + 2\gamma u_1)}{N-u_1^*}u_3(t) - 2\gamma u_4(t)
\end{aligned} \tag{2.81}$$

则相应的特征方程为

$$\Delta(\lambda) = \lambda^4 + a_3\lambda^3 + a_2\lambda^2 + a_1\lambda + a_0 + (b_2\lambda^2 + b_1\lambda + b_0)e^{-\lambda\tau} = 0 \tag{2.82}$$

其中

$$a_3 = \frac{(N-u_1^*)\beta + 3N\gamma + \gamma u_1^*}{(N-u_1^*)} > 0$$

$$\begin{aligned}
a_2 &= \frac{\gamma[N^2\beta + 2N^2\gamma + 3N\gamma u_1^* + N\omega u_1^* - \beta(u_1^*)^2 - \omega(u_1^*)^2]}{(N-u_1^*)^2} \\
&= \frac{\gamma\{\beta[N^2 - (u_1^*)^2] + 2N^2\gamma + 3N\gamma u_1^* + \omega u_1^*(N-u_1^*)\}}{(N-u_1^*)^2} > 0
\end{aligned}$$

$$a_1 = \frac{2\gamma^2 u_1^*[N^2\beta + N^2\gamma + 2N^2\omega - 2N\beta u_1^* - 4N\omega u_1^* + \beta(u_1^*)^2 + 2\omega(u_1^*)^2]}{(N-u_1^*)^3} > 0$$

$$a_0 = \frac{4\gamma^3\omega u_1^*}{N-u_1^*} > 0, b_2 = \frac{-2\gamma\omega u_1^*}{N-u_1^*} < 0$$

$$b_1 = \frac{-6\gamma^2\omega u_1^*}{N-u_1^*} < 0, b_0 = -\frac{4\gamma^3\omega u_1^*}{N-u_1^*} < 0$$

显然,平衡点的局部稳定性还依赖于 u_1^*,其困难在于无法通过常规的动力学方法来分析特征方程(2.82)中根的分布情况。退一步讲,即使可以使用数值方法进行分析,也缺乏有效的手段来研究这些根的稳定性,因为重连时滞 τ 的引入导致了无穷多个平衡点的出现。

线平衡点的存在是一个令人惊奇的动力学特征,这在常规的动力模型中非常罕见,更不用说进行理论分析。通过文献回顾,Li 等讨论了无时滞的简单 SIR 模型中的线平衡点,并引入了二维全局中心流形来研究模型的全局动力学性质[13]。他们通过分析特征根及其对应的特征向量,给出了线上每个平衡点的局部稳定性,并进一步证明了由连接一对平衡点的异宿轨道组成的二维全局中心流形。对于具有时滞且包含 4 个状态变量的模型(2.76)，由于模型的复杂性，目前尚无法进行深入的理论分析。对此，可以考虑采用数值模拟来研究其丰富的动力学行为。

2.2.3 数值模拟

为了对比无重连时滞(即 $\tau=0$)与有重连时滞(即 $\tau\neq 0$)模型的动力学行为，本小节采用了文献[1]中的部分参数值，其中参数

$$N=1000, n=2, \gamma=0.03, \beta=\omega=0.06 \tag{2.83}$$

图 2.5 展示了在三维相空间中，无重连时滞和有重连时滞条件下的平衡点的变化情况。图 2.5(a)展示了采用式(2.83)的无重连时滞模型存在唯一的正平衡点 E_s，且是局部渐近稳定的。根据式(2.83)，可计算出 $E_s=(500,750,250)$。图 2.5(b)呈现了在一定的重连时滞(即 $\tau\neq 0$)下，有重连时滞模型(2.76)存在无穷多个平衡点，它们位于直线 L 上。

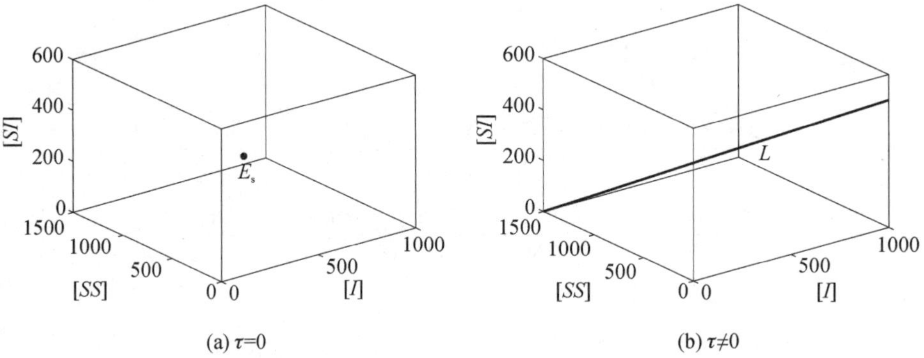

图 2.5 在三维相空间中，无重连时滞和有重连时滞情况下平衡点的变化

图 2.6 展示了当重连时滞 τ 超过某一阈值 τ^* 时，模型在三维相空间中产生了稳定的极限环现象。对于式(2.83)中给出的固定参数值，可得 $200<\tau^*<230$。从图 2.6 可以观察到 E_s 位于直线 L 上，当 $\tau=230$ 和 $\tau=389$ 时，有重连时滞模型(2.76) 产生了稳定的极限环，且随着 τ 的增加，极限环变大。

面对传染病的暴发，人们往往会通过调整自己的行为来降低感染风险，例如切断与染病邻居的物理接触，并与其他健康个体重新建立连接。为了更准确地描述这一过程，考虑到易感者在与染病者断开连接后，需要花费时间寻找新的易感者进行重新连接，因此在重连过程中引入时滞，并建立具有自适应重连时滞的 SIS 传染病模型。

通过理论分析，可得到一个新的结果：在高维状态空间中，模型存在无穷多个平衡点，这些平衡点分布在一条直线上。由于这一现象在常规时滞微分方程模型的动力学模型中极为罕见，因此目前缺乏充分的数学工具对其进行深入分析。然

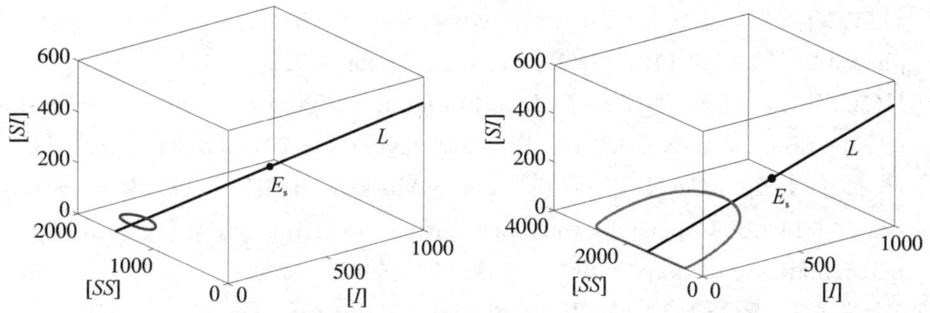

(a) τ=230　　(b) τ=389

图 2.6　在三维相空间中,有重连时滞模型(2.76)产生了稳定的极限环

而,数值模拟结果表明,在适当的参数条件下,模型将最终趋近并沿着这条平衡线达到稳定状态。在较小的重连时滞下,模型趋于稳定;而随着重连时滞的增加,模型可能出现稳定的极限环。上述发现为时滞传染病模型的研究提供了新的视角,并揭示了时滞对传染病传播动力学的深远影响。

参考文献

[1] GROSS T, D'LIMA C J, BLASIUS B. Epidemic dynamics on an adaptive network[J/OL]. Physical review letters, 2006, 96(20): 208701 [2024-10-20]. https://journals.aps.org/prl/abstract/10.1103/PhysRevLett.96.208701. DOI: 10.1103/PhysRevLett.96.208701.

[2] SHAW L B, SCHWARTZ I B. Fluctuating epidemics on adaptive networks [J/OL]. Physical review E, 2008, 77(2): 066101[2024-10-20]. https://journals.aps.org/pre/abstract/10.1103/ PhysRevE.77.066101. DOI: 10.1103/PhysRevE.77.066101.

[3] ROGERS T, CLIFFORDBROWN W, MILLS C, et al. Stochastic oscillations of adaptive networks: application to epidemic modelling[J/OL]. Quantitative biology, 2012 (8): P08018 [2024-10-20]. https://iopscience.iop.org/article/10.1088/1742-5468/2012/08/P08018/meta. DOI: 10.1088/1742-5468/2012/08/P08018.

[4] PENG X L, XU X J, SMALL M, et al. Prevention of infectious diseases by public vaccination and individual protection[J]. Journal of mathematical biology, 2016, 73(6-7): 1561-1594.

[5] CORCORAN C, CLARK J M. Adaptive network modeling of social distancing interventions[J/OL]. Journal of theoretical biology, 2022, 546:

111151 [2024 - 10 - 20]. https://www. science direct. com/ science/article/pii/S0022519322001497. DOI: 10. 1016/j. jtbi. 2022. 111151.

[6] HOUSE T, KEELING M J. Insights from unifying modern approximations to infections on networks[J]. Physical review D, 2011, 8(54): 67 - 73.

[7] LI J, JIN Z, YUAN Y, et al. A non-Markovian SIR network model with fixed infectious period and preventive rewiring [J]. Computers & mathematics with applications, 2018,75, 3884 - 3902.

[8] KISS I Z, ROST G, VIZI Z. Generalization of pairwise models to non-Markovian epidemics on networks[J/OL]. Physical review letters, 2015, 115(7): 078701[2024 - 10 - 20]. https:// journals. aps. org/prl/abstract/10. 1103/PhysRevLett. 115. 078701. DOI: 10. 1103/PhysRevLett. 115. 078701.

[9] FERGUSON N M, CUMMINGS D A T, FRASER C, et al. Strategies for mitigating an influenza pandemic[J]. Nature, 2006, 442: 448 - 452.

[10] KEELING M J. The effects of local spatial structure on epidemiological invasions[J]. Proceedings of the royal society B: mathematical, physical and engineering sciences, 1999, 266: 859 - 867.

[11] LI J, JIN Z, YUAN Y. Effect of adaptive rewiring delay in an SIS network epidemic model[J]. Mathematical biosciences and engineering, 2019, 16 (6): 8092 - 8108.

[12] ZHANG X, SHAN C, JIN Z, et al. Complex dynamics of epidemic models on adaptive networks[J]. Journal of differential equations, 2019, 266: 803 - 832.

[13] LI M Y, LIU M, SHAN C, et al. Turning points and relaxation oscillation cycles in simple epidemic models [J]. SIAM journal on applied mathematics, 2016, 76: 663 - 687.

第3章 传染病模型的斑图动力学

3.1 具有潜伏期时滞的SEI传染病模型的斑图动力学

无论是人类还是其他生物，都生活在空间环境中，且种群中的个体会在空间中扩散。而这种空间对疾病的传播具有重要影响。例如，人口的流动导致2005—2006年留尼汪岛暴发基孔肯亚病毒(Chikungunya virus)[1]。因此，在建模时不能忽视个体在空间中的扩散效应。而且，从临床和试验观察中人们发现，对于大多数传染病，易感者转变为具有传染力的染病者通常具有时间滞后性，这种滞后性一般表现为潜伏期时滞。例如，甲型H1N1流感、新型冠状病毒肺炎(COVID-19)、猴痘(monkeypox)等传染病都存在潜伏期时滞。因此，在建立传染病模型时，潜伏期时滞不可忽视。为了准确地描述实际传染病的传播机理和发展过程，需要在传染病模型中同时考虑空间和时滞因素。更进一步，为了研究传染病在空间中传播的规律，可利用斑图动力学理论对传染病模型进行分析，从而有效地反映染病者群体在空间中的变化和分布情况。

3.1.1 模型建立

将某一地区的人群分为易感类、潜伏类和染病类，并分别记为$S(t)$、$E(t)$、$I(t)$。其中，$S(t)$表示在t时刻易感者的数量；$E(t)$表示在t时刻被染病者感染但不具备传染力的个体的数量；而$I(t)$表示在t时刻已经成为染病者且具备传染力的个体的数量，即这类人能感染其他的易感者。对于大部分传染病，易感者从被感染到变成具有传染力的染病者需要一定的时间，这一时间间隔即为潜伏期时滞。假设潜伏期是一个固定的常数，记作τ。在传染病并未流行时，易感群体的增长情况遵循逻辑斯蒂增长模式，同时假设传染病的传播过程使用标准发生率来描述[2-3]。基于上述描述，建立了以下传染病模型：

$$\begin{cases}\dfrac{\mathrm{d}S(t)}{\mathrm{d}t}=rN(t)\left[1-\dfrac{N(t)}{K}\right]-\beta\dfrac{S(t)I(t)}{N(t)}-(\mu+m)S(t)\\ \dfrac{\mathrm{d}E(t)}{\mathrm{d}t}=\beta\dfrac{S(t)I(t)}{N(t)}-\beta\dfrac{S(t-\tau)I(t-\tau)}{N(t-\tau)}-\mu E(t)\\ \dfrac{\mathrm{d}I(t)}{\mathrm{d}t}=\beta\dfrac{S(t-\tau)I(t-\tau)}{N(t-\tau)}-(\mu+d)I(t)\end{cases}\tag{3.1}$$

其中，r 和 K 分别表示逻辑斯蒂增长模式的内禀增长率和环境容纳量；β 表示传染率；μ 表示自然死亡率；d 表示因病死亡率；m 表示易感者的移除率。通过计算，可得到基本再生数 $R_0=\dfrac{\beta}{\mu+d}$ 和人口再生数 $R_p=\dfrac{r}{\mu+m}$。

进一步，考虑到种群在二维空间中的扩散效应，需要在模型(3.1)的每一个方程中加入扩散项，从而得到以下时滞扩散模型：

$$\begin{cases}\dfrac{\partial S(x,y,t)}{\partial t}=rN(x,y,t)\left[1-\dfrac{N(x,y,t)}{K}\right]-\beta\dfrac{S(x,y,t)I(x,y,t)}{N(x,y,t)}-\\\qquad(\mu+m)S(x,y,t)+d_S\nabla^2S(x,y,t)\\\dfrac{\partial E(x,y,t)}{\partial t}=\beta\dfrac{S(x,y,t)I(x,y,t)}{N(x,y,t)}-\beta\dfrac{S(x,y,t-\tau)I(x,y,t-\tau)}{N(x,y,t-\tau)}-\\\qquad\mu E(x,y,t)+d_E\nabla^2E(x,y,t)\\\dfrac{\partial I(x,y,t)}{\partial t}=\beta\dfrac{S(x,y,t-\tau)I(x,y,t-\tau)}{N(x,y,t-\tau)}-(\mu+d)I(x,y,t)+\\\qquad d_I\nabla^2I(x,y,t)\end{cases}\tag{3.2}$$

其中，$N(x,y,t)$、$S(x,y,t)$、$E(x,y,t)$ 和 $I(x,y,t)$ 分别表示 t 时刻在位置 (x,y) 处的总人口、易感者、潜伏者和染病者的数量，且

$$N(x,y,t)=S(x,y,t)+E(x,y,t)+I(x,y,t)$$

$\nabla^2=\partial^2/\partial x^2+\partial^2/\partial y^2$ 是二维空间中的拉普拉斯算子，反映了种群在空间中的扩散；d_S、d_E 和 d_I 分别表示三类人群的扩散系数。

为了简化模型并减少所涉及的参数，通过引入无量纲变换

$$\overline{S}=\frac{S}{K},\ \overline{E}=\frac{E}{K},\ \overline{I}=\frac{I}{K},\ \overline{t}=(\mu+d)t$$

可以将式(3.2)转化为如下的形式：

$$\begin{cases}\dfrac{\partial\overline{S}}{\partial\overline{t}}=vR_p(\overline{S}+\overline{E}+\overline{I})[1-(\overline{S}+\overline{E}+\overline{I})]-R_0\dfrac{\overline{S}\overline{I}}{\overline{S}+\overline{E}+\overline{I}}-v\overline{S}+d_1\nabla^2\overline{S}\\\dfrac{\partial\overline{E}}{\partial\overline{t}}=R_0\dfrac{\overline{S}\overline{I}}{\overline{S}+\overline{E}+\overline{I}}-R_0\dfrac{\overline{S}(\overline{t}-\overline{\tau})\overline{I}(\overline{t}-\overline{\tau})}{\overline{S}(\overline{t}-\overline{\tau})+\overline{E}(\overline{t}-\overline{\tau})+\overline{I}(\overline{t}-\overline{\tau})}-\delta\overline{E}+d_2\nabla^2\overline{E}\\\dfrac{\partial\overline{I}}{\partial\overline{t}}=R_0\dfrac{\overline{S}(\overline{t}-\overline{\tau})\overline{I}(\overline{t}-\overline{\tau})}{\overline{S}(\overline{t}-\overline{\tau})+\overline{E}(\overline{t}-\overline{\tau})+\overline{I}(\overline{t}-\overline{\tau})}-\overline{I}+d_3\nabla^2\overline{I}\end{cases}$$

其中

$$R_0=\frac{\beta}{\mu+d},\ R_p=\frac{r}{\mu+m},\ v=\frac{\mu+m}{\mu+d},\ \delta=\frac{\mu}{\mu+d}$$

$$d_1=\frac{d_S}{\mu+d},\ d_2=\frac{d_E}{\mu+d},\ d_3=\frac{d_I}{\mu+d},\ \overline{\tau}=(\mu+d)\tau$$

为了简化数学表达，可以去掉符号上的横杠，将模型重新表述为下述形式：

$$\begin{cases}\dfrac{\partial S}{\partial t}=vR_{p}(S+E+I)[1-(S+E+I)]-R_{0}\dfrac{SI}{S+E+I}-vS+\\ \qquad d_{1}\nabla^{2}S,t>0,(x,y)\in\Omega\\ \dfrac{\partial E}{\partial t}=R_{0}\dfrac{SI}{S+E+I}-R_{0}\dfrac{S(t-\tau)I(t-\tau)}{S(t-\tau)+E(t-\tau)+I(t-\tau)}-\delta E+\\ \qquad d_{2}\nabla^{2}E\\ \dfrac{\partial I}{\partial t}=R_{0}\dfrac{S(t-\tau)I(t-\tau)}{S(t-\tau)+E(t-\tau)+I(t-\tau)}-I+d_{3}\nabla^{2}I\\ \qquad \left.\dfrac{\partial S}{\partial \boldsymbol{n}}\right|_{\partial\Omega}=\left.\dfrac{\partial E}{\partial \boldsymbol{n}}\right|_{\partial\Omega}=\left.\dfrac{\partial I}{\partial \boldsymbol{n}}\right|_{\partial\Omega}=0,t\geqslant 0\end{cases}\tag{3.3}$$

其中，初始条件为

$$S(x,y,t)=\varphi_{1}(x,y,t)\geqslant 0,E(x,y,t)=\varphi_{2}(x,y,t)\geqslant 0$$

$$I(x,y,t)=\varphi_{3}(x,y,t)\geqslant 0,(x,y,t)\in\Omega\times[-\tau,0]$$

这里，$\varphi_{1}(x,y,t)$、$\varphi_{2}(x,y,t)$ 和 $\varphi_{3}(x,y,t)$ 分别表示在时间段 $[-\tau,0]$ 内易感者、潜伏者、染病者的初始数量；Ω 表示个体活动的区域；$\boldsymbol{n}$ 为区域边界 $\partial\Omega$ 上指向外部的法向量。

进一步，假设人群生活在一个孤立的二维空间区域内，并且区域外的个体无法进入该区域，区域内的个体也无法穿越区域边界。因此，模型(3.3)考虑了诺伊曼边界条件。

为了后续讨论方便，规定：

(1)当 $d_{1}=d_{2}=d_{3}=0,\tau\neq 0$ 时，模型(3.3)称为时滞模型。

(2)当 $d_{1}\neq 0,d_{2}\neq 0,d_{3}\neq 0,\tau=0$ 时，模型(3.3)称为扩散模型。

(3)当 $d_{1}\neq 0,d_{2}\neq 0,d_{3}\neq 0,\tau\neq 0$ 时，模型(3.3)称为时滞扩散模型。

为了分析时滞和扩散效应对于时滞扩散模型(3.3)的影响，首先需要研究时滞扩散模型(3.3)对应的无时滞和无扩散模型的局部动力学行为。当时滞和扩散效应都不存在时，时滞扩散模型(3.3)可以简化为以下常微分方程模型：

$$\begin{cases}\dfrac{\mathrm{d}S}{\mathrm{d}t}=vR_{p}(S+E+I)[1-(S+E+I)]-R_{0}\dfrac{SI}{S+E+I}-vS\\ \dfrac{\mathrm{d}E}{\mathrm{d}t}=-\delta E\\ \dfrac{\mathrm{d}I}{\mathrm{d}t}=R_{0}\dfrac{SI}{S+E+I}-I\end{cases}\tag{3.4}$$

令上述模型的右端式子为关于 S、E、I 变量的函数，记为

$$f_{1}(S,E,I)=vR_{p}(S+E+I)[1-(S+E+I)]-R_{0}\frac{SI}{S+E+I}-vS$$

$$f_{2}(S,E,I)=-\delta E$$

$$f_3(S,E,I)=R_0\frac{SI}{S+E+I}-I$$

通过计算可知,模型(3.4)有两个平衡点,一个是无疾病暴发平衡点

$$P_0=(S_0,E_0,I_0)=\left(\frac{R_p-1}{R_p},0,0\right)$$

另一个是疾病暴发平衡点 $P^*=(S^*,E^*,I^*)$,其中

$$S^*=\frac{vR_0R_p-R_0+1-v}{vR_0^2R_p},\ E^*=0,\ I^*=(R_0-1)S^*$$

从生物学角度来看,人群的数量不可能为负值,因此平衡点的值必须大于零。如果条件 $R_p>1$ 成立,则 S_0 的值大于 0。而如果条件 (C0)$R_p>\frac{R_0+v-1}{vR_0}$,$R_0>1$ 成立,则有 S^*、I^* 的值都大于零。注意,P_0、P^* 是时滞扩散模型(3.3)中的常值平衡点。

接下来,讨论平衡点 P_0、P^* 的局部稳定性。通过推导可得到模型(3.4)在 P_0 处的特征方程为

$$(\lambda+\delta)[\lambda^2-(R_0-1+v-vR_p)\lambda+v(1-R_p)(R_0-1)]=0$$

可计算出对应的特征根为

$$\lambda_1=-\delta,\ \lambda_2=v(1-R_p),\ \lambda_3=R_0-1$$

由于 P_0 存在的条件是 $R_p>1$,因此显然 $\lambda_2<0$ 成立。如果条件 $R_0<1$,则可得 $\lambda_3<0$,进而得到 P_0 是局部渐近稳定的。

模型(3.4)在 P^* 处的雅可比矩阵为

$$\boldsymbol{J}_2=\begin{bmatrix}a_{11} & a_{12} & a_{13}\\ a_{21} & a_{22} & a_{23}\\ a_{31} & a_{32} & a_{33}\end{bmatrix}$$

其中

$$a_{11}=-\frac{R_0^2+vR_0R_p+vR_0-4R_0-2v+3}{R_0},\ a_{12}=-\frac{R_0R_pv-3R_0-2v+3}{R_0}$$

$$a_{13}=\frac{2R_0-vR_0R_p+2v-3}{R_0},\ a_{21}=0,a_{22}=-\delta,a_{23}=0$$

$$a_{31}=\frac{(R_0-1)^2}{R_0},a_{32}=-\frac{R_0-1}{R_0},\ a_{33}=-\frac{R_0-1}{R_0}$$

则对应的特征方程为

$$(\lambda+\delta)(\lambda^2+A_1\lambda+A_0)=0 \tag{3.5}$$

其中

$$A_1 = \frac{(vR_0R_p - R_0 + 1 - v) + (R_0 - 1)(R_0 - 1 + v)}{R_0}$$

$$A_0 = \frac{(vR_0R_p - R_0 + 1 - v)(R_0 - 1)}{R_0}$$

显然，上述特征方程(3.5)有一个特征根为 $\lambda_1 = -\delta$，剩下的两个特征根由括号中的一元二次方程决定。根据韦达定理知

$$\lambda_2 + \lambda_3 = -A_1, \lambda_2\lambda_3 = A_0$$

可推出 $\lambda_2 + \lambda_3 < 0, \lambda_2\lambda_3 > 0$。此外，条件(C0)是 P^* 存在的充分条件，从而得到 λ_2、λ_3 的实部都小于 0，因此进一步得到 P^* 是局部渐近稳定的。

3.1.2　线性化分析

在实际情况中，当疾病暴发后，人们更关心感染的病例数及区域分布等疫情信息，因此本小节将分析疾病暴发平衡点 P^* 的时空动力学行为。由于平衡点 $P^* = (S^*, E^*, I^*)$ 满足方程组

$$f_1(S^*, E^*, I^*) = 0,\ f_2(S^*, E^*, I^*) = 0,\ f_3(S^*, E^*, I^*) = 0$$

则对时滞扩散模型(3.3)在平衡点 P^* 处进行泰勒级数展开并忽略高阶非线性项，可推导出如下的线性模型：

$$\begin{cases} \dfrac{\partial S}{\partial t} = b_{11}(S - S^*) + b_{12}(E - E^*) + b_{13}(I - I^*) + d_1 \nabla^2 S \\ \dfrac{\partial E}{\partial t} = b_{21}(S - S^*) + bb_{21}[S(t-\tau) - S^*] + b_{22}(E - E^*) + bb_{22}[E(t-\tau) - E^*] + \\ \qquad b_{23}(I - I^*) + bb_{23}[I(t-\tau) - I^*] + d_2 \nabla^2 E \\ \dfrac{\partial I}{\partial t} = bb_{31}[S(t-\tau) - S^*] + bb_{32}[E(t-\tau) - E^*] + b_{33}[I(t) - I^*)] + \\ \qquad bb_{33}[I(t-\tau) - I^*] + d_3 \nabla^2 I \end{cases} \tag{3.6}$$

其中

$$b_{11} = \frac{\partial f_1}{\partial S}\bigg|_{P^*} = -\frac{\sigma + \eta(\eta + v - 1)}{R_0},\ b_{12} = \frac{\partial f_1}{\partial E}\bigg|_{P^*} = -\frac{\sigma - 2\eta - v}{R_0}$$

$$b_{13} = \frac{\partial f_1}{\partial I}\bigg|_{P^*} = -\frac{\sigma - \eta - v + 1}{R_0},\ b_{21} = \frac{\partial f_2}{\partial S}\bigg|_{P^*} = \frac{\eta^2}{R_0}$$

$$bb_{21} = \frac{\partial f_2}{\partial S(t-\tau)}\bigg|_{P^*} = -\frac{\eta^2}{R_0},\ b_{22} = \frac{\partial f_2}{\partial E}\bigg|_{P^*} = -\frac{\eta}{R_0} - \delta$$

$$bb_{22} = \frac{\partial f_2}{\partial E(t-\tau)}\bigg|_{P^*} = \frac{\eta}{R_0},\ b_{23} = \frac{\partial f_2}{\partial I}\bigg|_{P^*} = \frac{1}{R_0}$$

$$bb_{23}=\left.\frac{\partial f_2}{\partial I(t-\tau)}\right|_{P^*}=-\frac{1}{R_0},\ bb_{31}=\left.\frac{\partial f_3}{\partial S(t-\tau)}\right|_{P^*}=\frac{\eta^2}{R_0}$$

$$bb_{32}=\left.\frac{\partial f_3}{\partial E(t-\tau)}\right|_{P^*}=-\frac{\eta}{R_0},\ b_{33}=\left.\frac{\partial f_3}{\partial I}\right|_{P^*}=-1$$

$$bb_{33}=\left.\frac{\partial f_3}{\partial I(t-\tau)}\right|_{P^*}=\frac{1}{R_0}$$

且设 $\eta=R_0-1$，$\sigma=vR_0R_p-R_0-v+1$。

接下来，将时空微扰 $\varepsilon S(x,y,t)$，$\varepsilon E(x,y,t)$ 和 $\varepsilon I(x,y,t)$ 作用于平衡点 P^*，且令 $S(x,y,t)=S^*+\varepsilon S(x,y,t)$，$E(x,y,t)=E^*+\varepsilon E(x,y,t)$ 和 $I(x,y,t)=I^*+\varepsilon I(x,y,t)$，那么可推出

$$\begin{cases}\dfrac{\partial\varepsilon S}{\partial t}=b_{11}\varepsilon S+b_{12}\varepsilon E+b_{13}\varepsilon I+d_1\nabla^2\varepsilon S\\ \dfrac{\partial\varepsilon E}{\partial t}=b_{21}\varepsilon S+bb_{21}\varepsilon S(t-\tau)+b_{22}\varepsilon E+bb_{22}\varepsilon E(t-\tau)+b_{23}\varepsilon I+\\ \qquad bb_{23}\varepsilon I(t-\tau)+d_2\nabla^2\varepsilon E\\ \dfrac{\partial\varepsilon I}{\partial t}=bb_{31}\varepsilon S(t-\tau)+bb_{32}\varepsilon E(t-\tau)+b_{33}\varepsilon I+bb_{33}\varepsilon I(t-\tau)+d_3\nabla^2\varepsilon I\end{cases}\tag{3.7}$$

根据文献[4]，时空微扰 $\varepsilon S(x,y,t)$，$\varepsilon E(x,y,t)$ 和 $\varepsilon I(x,y,t)$ 可用下述形式表示：

$$\begin{aligned}\varepsilon S(x,y,t)&=\varepsilon S^*\mathrm{e}^{\lambda t}\cos k_x x\cos k_y y\\ \varepsilon E(x,y,t)&=\varepsilon E^*\mathrm{e}^{\lambda t}\cos k_x x\cos k_y y\\ \varepsilon I(x,y,t)&=\varepsilon I^*\mathrm{e}^{\lambda t}\cos k_x x\cos k_y y\end{aligned}\tag{3.8}$$

其中，k_x、k_y 分别表示 x、y 方向上的空间波数。

把上述的时空微扰式(3.8)代入方程组(3.7)，通过一系列变换，可推导出如下关于特征根 λ 的特征方程：

$$\Lambda(k,\tau)=\lambda^3+p_2(k)\lambda^2+p_1(k)\lambda+p_0(k)+[q_2(k)\lambda^2+q_1(k)\lambda+q_0(k)]\mathrm{e}^{-\lambda\tau}=0\tag{3.9}$$

其中

$$k^2=k_x^2+k_y^2$$

$$p_2(k)=\frac{1}{R_0}[(d_1+d_2+d_3)R_0k^2+R_0\delta+v\eta+\eta^2+R_0+\sigma]>0$$

$$q_2(k)=-\frac{1}{R_0}(\eta+1)=-1<0$$

$$\begin{aligned}p_1(k)=\frac{1}{R_0}\{&(d_1d_2+d_1d_3+d_2d_3)R_0k^4+[(R_0\delta+R_0+\eta)d_1+(v\eta+\eta^2+\sigma+1)d_2+\\ &(R_0\delta+v\eta+\eta^2+\sigma)d_3]k^2+\delta v\eta+\delta\eta^2+\delta\sigma+v\eta+\sigma\eta+\delta+\sigma\}>0\end{aligned}$$

$$q_1(k)=-\frac{1}{R_0}[(d_1\eta+d_3\eta+d_1+d_2)k^2+v\eta+\delta+\sigma]<0$$

$$\begin{aligned}p_0(k)=&\frac{1}{R_0}\{d_1d_2d_3R_0k^6+[R_0d_1d_2+(R_0\delta+\eta)d_1d_3+\\&(v\eta+\eta^2+\sigma-\eta)d_2d_3]k^4+\{(R_0\delta+\eta)d_1+(v\eta+\eta^2+\sigma-\eta)d_2+\\&[\delta v\eta+\delta\eta^2+\delta\sigma-\delta\eta+(\sigma-\eta)\eta]d_3\}k^2+\delta v\eta+\delta\eta^2+\delta\sigma-\delta\eta+(\sigma-\eta)\eta\}\end{aligned}$$

$$\begin{aligned}q_0(k)=&-\frac{1}{R_0}\{(d_3\eta+d_2)d_1k^4+\{(\delta+\eta)d_1+[v\eta+(\sigma-\eta)(1-\eta)]d_2+\\&\eta(\sigma-\eta)d_3\}k^2+[\delta v\eta+(\delta-\delta\eta+\eta)(\sigma-\eta)]\}\end{aligned}$$

时滞扩散模型(3.3)的局部稳定性取决于上述方程特征根的分布。由于方程(3.9)中含有 $e^{-\lambda\tau}$ 的形式,因此分析特征根的分布变得更加复杂。此外,时滞扩散模型可能会经历非平衡相变,导致时滞扩散模型出现两种基本类型的对称性破缺,并引发复杂的时空动力学行为。具体而言,独立于空间的霍普夫分岔破坏了时滞扩散模型的时间对称性,进而产生了在空间中均匀而在时间上周期振荡的行为;而图灵分岔则破坏了时滞扩散模型的空间对称性,产生了在时间上稳定而在空间中振荡的斑图,形成了图灵斑图。从数学的角度,可以具体给出存在分岔的条件:

(1)当 $k=0$, $\mathrm{Re}(\lambda(\tau,k))=0$, $\mathrm{Im}(\lambda(\tau,k))\neq 0$ 时,时滞扩散模型会产生霍普夫分岔。

(2)当 $k=k_c\neq 0$, $\mathrm{Re}(\lambda(\tau,k))=0$, $\mathrm{Im}(\lambda(\tau,k))=0$ 时,时滞扩散模型会产生图灵分岔,其中 k_c 表示临界波数。

在接下来的讨论中,将具体分析两种分岔存在的条件。

3.1.3　霍普夫分岔分析

由于潜伏期的长短对于传染病暴发的程度起着至关重要的作用,因此可选择潜伏期时滞 τ 作为分岔参数。为了研究时滞扩散模型(3.3)在平衡点 P^* 处的稳定性,并确定时滞扩散模型在何种条件下经历霍普夫分支,需分析时滞扩散模型(3.3)在平衡点 P^* 处对应的特征方程(3.9)的根的分布情况。

时滞模型(3.3)在平衡点 P^* 处对应的特征方程(3.9)转变为

$$\Lambda(0,\tau)=\lambda^3+a_2\lambda^2+a_1\lambda+a_0+(b_2\lambda^2+b_1\lambda+b_0)e^{-\lambda\tau}=0 \tag{3.10}$$

其中

$$a_2=p_2(0)=\frac{1}{R_0}(R_0\delta+v\eta+\eta^2+R_0+\sigma)>0$$

$$a_1=p_1(0)=\frac{1}{R_0}(\delta v\eta+\delta\eta^2+\delta\sigma+v\eta+\sigma\eta+\delta+\sigma)>0$$

$$a_0=p_0(0)=\frac{1}{R_0}[\delta v\eta+\delta\eta^2+\delta\sigma-\delta\eta+(\sigma-\eta)\eta]$$

$$b_2=q_2(0)=-\frac{1}{R_0}(\eta+1)=-1<0$$

$$b_1=q_1(0)=-\frac{1}{R_0}(v\eta+\delta+\sigma)<0$$

$$b_0=q_0(0)=-\frac{1}{R_0}[\delta v\eta+(\delta-\delta\eta+\mu)(\sigma-\eta)]<0$$

由条件(C0)知，$a_0+b_0=\delta\sigma\eta/R_0>0$，所以 $\lambda=0$ 不是特征方程(3.10)的根。接下来判断特征方程(3.10)是否存在一对纯虚根。假设 $\lambda=\mathrm{i}\omega\ (\omega>0)$ 是特征方程(3.10)的一个解，则把 $\lambda=\mathrm{i}\omega\ (\omega>0)$ 代入特征方程(3.10)中，之后分离实部和虚部，可得

$$\begin{cases}-\omega^3+a_1\omega=(b_0-b_2\omega^2)\sin\omega\tau-b_1\omega\cos\omega\tau\\ a_2\omega^2-a_0=(b_0-b_2\omega^2)\cos\omega\tau+b_1\omega\sin\omega\tau\end{cases}\tag{3.11}$$

对方程组(3.11)中的两个方程的左右两边进行平方再相加，可获得方程

$$\omega^6+p\omega^4+q\omega^2+r=0\tag{3.12}$$

其中

$$p=a_2^2-b_2^2-2a_1=\frac{1}{R_0^2}[(R_0\delta+\eta)^2+\eta^2(v+\eta)^2+(\sigma-\eta)^2+2v\sigma\eta+2\eta^3]>0$$

$$\begin{aligned}q=&-2a_0a_2+a_1^2+2b_0b_2-b_1^2=\frac{1}{R_0^4}[R_0^2\delta^2\eta^2(v-1)^2+2R_0v\eta^4(1-\delta)+\\&R_0\eta^2(R_0+2\delta)(\sigma-\eta)^2+R_0^2\delta^2(\eta^2+\sigma-\eta)^2+2R_0{}^2\delta\eta^2+2R_0^2\delta^2\eta+\\&2R_0v\eta^3+R_0\delta\eta(\sigma-2\eta+\sigma)^2+\frac{1}{4}R_0\eta(8R_0\delta^2v\eta^2+8R_0\delta^2v\sigma+8\delta v\sigma\eta^2+\\&8\delta\sigma\eta^3-8\delta\eta^4+4R_0\eta^3+8\delta v\sigma\eta+8\delta v\eta-\delta\sigma^2+8\sigma\eta^2+8\sigma\eta)]\end{aligned}$$

$$r=a_0^2-b_0^2=(a_0+b_0)(a_0-b_0)$$

这里，由条件(C0)知，

$$a_0+b_0=\frac{1}{R_0}\delta\sigma\eta>0$$

$$a_0-b_0=\frac{1}{R_0^2}[R_0\delta v\eta+R_0\delta\eta^2+\delta v\eta^2+\delta v\eta+(-\delta\eta^2+R_0\delta+2\eta^2+\delta+2\eta)(\sigma-\eta)]$$

令 $z=\omega^2$，则方程(3.12)降阶后转化为下述方程：

$$z^3+pz^2+qz+r=0\tag{3.13}$$

记 $h(z)=z^3+pz^2+qz+r$，$h(z)$ 的一阶导数为 $h'(z)=3z^2+2pz+q$，相应的判别式为 $\Delta=p^2-3q$。注意到一元三次函数的极值点和单调性与导函数的正负有关，而且判别式 Δ 会影响一元三次函数的性质。接下来研究一元三次方程(3.13)存在正实数根的情况。

引理 3.1　如果条件 $\Delta=p^2-3q\leqslant 0$ 和 $r<0$ 成立，则存在唯一的正根 z_0 满足 $h(z_0)=0$。

证明　$\Delta=p^2-3q\leqslant 0$ 表明在实数域 $\mathbf{R}$ 上 $h(z)$ 是增函数，又因为 $h(0)=r<0$ 和 $\lim\limits_{z\to+\infty}h(z)=+\infty$，则存在唯一的正根 $z_0\in(0,+\infty)$ 满足 $h(z_0)=0$。

引理 3.2　如果条件 $q\geqslant 0$，$\Delta=p^2-3q>0$ 和 $r<0$ 都成立，则存在唯一的正根 z_0 满足 $h(z_0)=0$。

证明　如果 $\Delta=p^2-3q>0$ 成立，则函数 $h(z)$ 有两个极值点

$$z_1=\frac{-p+\sqrt{p^2-3q}}{3},\ z_2=\frac{-p-\sqrt{p^2-3q}}{3}$$

由二阶导数

$$h''(z_1)=2\sqrt{p^2-3q}>0,\ h''(z_2)=-2\sqrt{p^2-3q}<0$$

可以得出 z_1 是极小值点，z_2 是极大值点，又因为条件 $p>0$ 和 $q\geqslant 0$ 成立，可以推出 $z_2<z_1\leqslant 0$。显然函数 $h(z)$ 在区间 $[z_1,+\infty)$ 上单调递增，又由 $h(0)=r<0$ 成立，最终得到存在唯一的正根 z_0 满足 $h(z_0)=0$。

引理 3.3　如果条件 $q<0$，$h(z_1)=0$ 和 $r>0$ 都成立，则存在唯一的正根 $z_0=z_1$ 满足 $h(z_0)=0$。

证明　由条件 $q<0$ 成立，可得 $\Delta=p^2-3q>0$，进而可以得到极值点为 $z_2<0<z_1$，且由二阶导数

$$h''(z_1)=2\sqrt{p^2-3q}>0,\ h''(z_2)=-2\sqrt{p^2-3q}<0$$

可知 z_1 是极小值点，z_2 是极大值点，显然函数 $h(z)$ 在区间 $[0,z_1]$ 上是减函数，而在区间 $[z_1,+\infty)$ 上是增函数，又因为 $h(z_1)=0$ 是在区间 $[0,+\infty)$ 上的极小值，所以存在唯一的正根 $z_0=z_1$ 满足 $h(z_0)=0$。

引理 3.4　如果条件 $q<0$，$h(z_1)<0$ 和 $r\leqslant 0$ 都成立，则存在唯一的正根 z_0 满足 $h(z_0)=0$。

证明　由条件 $q<0$ 成立，可得 $\Delta=p^2-3q>0$，进一步得到极值点 $z_2<0<z_1$，且由二阶导数

$$h''(z_1)=2\sqrt{p^2-3q}>0,\ h''(z_2)=-2\sqrt{p^2-3q}<0$$

则 z_1 为极小值点，而 z_2 为极大值点，显然 $h(z)$ 在区间 $[0,z_1]$ 上是减函数，而在区间 $[z_1,+\infty)$ 上是增函数，则 $h(z_1)<0$ 是在区间 $[0,+\infty)$ 上的极小值，又因为 $h(0)=r\leqslant 0$ 成立，所以存在唯一的正根 z_0 满足 $h(z_0)=0$。

综上所述，基于上述引理，可以得到以下的定理。

定理 3.1　如果以下任意一个条件成立，则存在唯一的正根 z_0 满足 $h(z_0)=0$。

(C1) $\Delta=p^2-3q\leqslant 0$ 和 $r<0$。

(C2) $q\geqslant 0$，$\Delta=p^2-3q>0$ 和 $r<0$。

(C3) $q<0, h(z_1)=0$ 和 $r>0$。

(C4) $q<0, h(z_1)<0$ 和 $r\leqslant 0$。

进而,可以得到 $\omega_0=\sqrt{z_0}$,这表明特征方程(3.10)有一对纯虚根 $\pm \mathrm{i}\omega_0$,而其余特征根的实部均为负值。由方程组(3.11),计算可得

$$\begin{aligned}
\cos\omega_0\tau &= -\frac{(a_2b_2-b_1)\omega_0^4+(-a_0b_2+a_1b_1-a_2b_0)\omega_0^2+a_0b_0}{b_2^2\omega_0^4+(-2b_0b_2+b_1^2)\omega_0^2+b_0^2}=E(\omega_0)\\
\sin\omega_0\tau &= -\frac{\omega_0[-b_2\omega_0^4+(a_1b_2-a_2b_1+b_0)\omega_0^2+a_0b_1-a_1b_0]}{b_2^2\omega_0^4+(-2b_0b_2+b_1^2)\omega_0^2+b_0^2}=F(\omega_0)
\end{aligned}\tag{3.14}$$

进一步计算式(3.14)可得

$$\tau_j=\begin{cases}\dfrac{1}{\omega_0}[\arccos E(\omega_0)+2j\pi],\ F(\omega_0)\geqslant 0\\[2ex] \dfrac{1}{\omega_0}[2\pi-\arccos E(\omega_0)+2j\pi],\ F(\omega_0)<0\end{cases}\tag{3.15}$$

这里 $j=0,1,2,\cdots$。

令 $\lambda(\tau)=\alpha(\tau)+\mathrm{i}\omega(\tau)$ 是特征方程(3.10)在 τ_j 附近的特征根,并满足 $\alpha(\tau_j)=0, \omega(\tau_j)=\omega_0$,其中 τ_j 满足式(3.15)。进一步需要分析随着参数 τ 逐渐增加并超过 τ_j,上述特征根是否横截穿过虚轴。具体分析过程通过如下的引理给出。

引理 3.5　假设条件(C0),以及条件(C1)(C2)或(C4)中至少有一个成立,则有横截性条件

$$\mathrm{Re}\left(\frac{\mathrm{d}\lambda}{\mathrm{d}\tau}\bigg|_{\tau=\tau_j}\right)>0$$

证明　对特征方程(3.10)两边关于 τ 求导,推导可得

$$[3\lambda^2+2a_2\lambda+a_1+(2b_2\lambda+b_1)\mathrm{e}^{-\lambda\tau}-(b_2\lambda^2+b_1\lambda+b_0)\tau\mathrm{e}^{-\lambda\tau}]\frac{\mathrm{d}\lambda}{\mathrm{d}\tau}-$$
$$(b_2\lambda^2+b_1\lambda+b_0)\lambda\mathrm{e}^{-\lambda\tau}=0$$

进一步,通过适当的变换,可以得到

$$\begin{aligned}
\mathrm{Re}\left(\frac{\mathrm{d}\lambda}{\mathrm{d}\tau}\bigg|_{\tau=\tau_j}\right)^{-1} &= \mathrm{Re}\left\{\frac{3\lambda^2+2a_2\lambda+a_1+(2b_2\lambda+b_1)\mathrm{e}^{-\lambda\tau}}{(b_2\lambda^2+b_1\lambda+b_0)\lambda\mathrm{e}^{-\lambda\tau}}-\frac{\tau}{\lambda}\right\}\bigg|_{\tau=\tau_j}\\
&= \mathrm{Re}\left\{\frac{(-3\omega_0^2+2a_2\omega_0\mathrm{i}+a_1)(\cos\omega_0\tau_j+\mathrm{i}\sin\omega_0\tau_j)+(2b_2\omega_0\mathrm{i}+b_1)}{\omega_0[(-b_2\omega_0^2+b_0)\mathrm{i}-b_1\omega_0]}\right\}\bigg|_{\tau=\tau_j}\\
&= \frac{3\omega_0^6+2(a_2^2-b_2^2-2a_1)\omega_0^4+(-2a_0a_2+a_1^2+2b_0b_2-b_1^2)\omega_0^2}{\omega_0^2[(b_0-b_2\omega_0^2)^2+b_1^2\omega_0^2]}\\
&= \frac{3\left(\omega_0^2+\dfrac{1}{3}p_2\right)^2-\dfrac{p_2^2-3q}{3}}{[(b_0-b_2\omega_0^2)^2+b_1^2\omega_0^2]}
\end{aligned}$$

根据定理 3.1,条件(C1)和(C2)表明

$$\mathrm{Re}\left(\frac{\mathrm{d}\lambda}{\mathrm{d}\tau}\bigg|_{\tau=\tau_j}\right)>0$$

接下来,讨论条件(C3)和(C4)的情形。令

$$g(\omega^2)=3\omega^4+2p\omega^2+q$$

可以推导出 $g(\omega^2)$ 在区间 $[0,+\infty)$ 上是增函数,且满足 $g(0)=q<0$。而且 $g(\omega^2)=0$ 的正根为 $\omega_c^2=\dfrac{-p+\sqrt{p^2-3q}}{3}$,且有 $g(\omega_c^2)=0$。进一步,当 $\omega^2\in[0,\omega_c^2)$ 时,有 $g(\omega^2)<0$ 成立;而当 $\omega^2\in(\omega_c^2,+\infty)$ 时,有 $g(\omega^2)>0$ 成立。

对于条件(C3)的情形,存在

$$\omega_0^2=z_0=z_1=\omega_c^2=\frac{-p+\sqrt{p^2-3q}}{3}$$

显然 $g(\omega_0^2)=0$ 成立,进而得到 $\mathrm{Re}\left(\dfrac{\mathrm{d}\lambda}{\mathrm{d}\tau}\bigg|_{\tau=\tau_j}\right)=0$。

对于条件(C4)的情形,存在

$$\omega_0^2=z_0>z_1=\omega_c^2=\frac{-p+\sqrt{p^2-3q}}{3}$$

容易推导出 $g(\omega_0^2)>0$,进一步计算得出 $\mathrm{Re}\left(\dfrac{\mathrm{d}\lambda}{\mathrm{d}\tau}\bigg|_{\tau=\tau_j}\right)>0$。

综合上述的引理和定理,得出下面的结论。

定理 3.2　假设条件(C0),以及条件(C1)(C2)或(C4)中至少有一个成立,则

(1)当 $\tau\in[0,\tau_0)$ 时,疾病暴发平衡点 P^* 是局部渐近稳定的。

(2)当 $\tau>\tau_0$ 时,疾病暴发平衡点 P^* 是不稳定的。

(3)当 $\tau=\tau_j,j=0,1,2,\cdots$ 时,时滞模型(3.3)在平衡点 P^* 处发生了霍普夫分岔,且从 P^* 处分岔出周期解。

3.1.4　图灵分岔分析

在这一小节将讨论时滞扩散模型(3.3)在疾病暴发平衡点 P^* 处发生图灵分岔(也称为图灵失稳)的情况。此时时滞扩散模型(3.3)在平衡点 P^* 处对应特征方程(3.9)。当时滞扩散模型(3.3)不考虑空间扩散时,即 $k=0$ 时,根据定理 3.2 知当 $\tau\in[0,\tau_0)$ 时,P^* 是局部渐近稳定的。在这一条件下,时滞扩散模型(3.3)在 P^* 处失稳的临界条件是时滞扩散模型对某些 k 值会出现 $\lambda=0$ 的情形,即对某些 k 值满足如下条件:

$$\begin{aligned}p_0(k)+q_0(k)&=\frac{1}{R_0}\{(d_2k^2+\delta)\{R_0d_1d_3k^4+[\eta d_1+(v\eta+\eta^2+\sigma-\eta)d_3]k^2+\sigma\eta\}\}\\&=0\end{aligned}$$

上述条件可进一步表示为

$$R_0 d_1 d_3 k^4 + [\eta d_1 + (v\eta + \eta^2 + \sigma - \eta) d_3] k^2 + \sigma\eta = 0 \tag{3.16}$$

令 $K = k^2$，记函数 $f(K) = R_0 d_1 d_3 K^2 + [\eta d_1 + (v\eta + \eta^2 + \sigma - \eta) d_3] K + \sigma\eta$，对 $f(K)$ 关于 K 求一阶偏导数，可得到极小值点为

$$k_c^2 = K_c = -\frac{\eta d_1 + (v\eta + \eta^2 + \sigma - \eta) d_3}{2R_0 d_1 d_3} \tag{3.17}$$

又因为 $f(K)$ 是关于 K 的一元二次函数，开口方向向上，则函数的极小值点就是最小值点，所以 $f(K)$ 为最小值。如果条件

$$\text{(C5)}\ \eta d_1 + (v\eta + \eta^2 + \sigma - \eta) d_3 < 0$$

成立，则有 $k_c^2 > 0$。进一步，时滞扩散模型(3.3)在 P^* 处发生图灵分岔的必要条件是

$$R_0 d_1 d_3 k_c^4 + [\eta d_1 + (v\eta + \eta^2 + \sigma - \eta) d_3] k_c^2 + \sigma\eta < 0 \tag{3.18}$$

并把 k_c^2 代入上述不等式中，可以得到如下条件：

$$\text{(C6)}\ [\eta d_1 + (v\eta + \eta^2 + \sigma - \eta) d_3]^2 - 4R_0 d_1 d_3 \sigma\eta > 0 \tag{3.19}$$

最终得到时滞扩散模型(3.3)在平衡点 P^* 处发生图灵分岔的必要条件是定理 3.2 中的(1)、条件(C5)及条件(C6)成立。

通过令条件(C6)的左端等于零，可推出时滞扩散模型(3.3)发生图灵分岔的临界参数值为

$$v = \frac{1}{\eta d_3}\left[(-\eta^2 - \sigma + \eta) d_3 - \eta d_1 + 2\sqrt{R_0 d_1 d_3 \sigma\eta}\right] \tag{3.20}$$

3.1.5 数值模拟

在本小节中，使用 MATLAB 软件对时滞扩散模型(3.3)进行数值模拟。首先，将二维空间区域离散化为 $N_x \times N_y$ 个格子单元，且格子的宽度定义为常数 Δx，并设 $N_x = N_y = 200$，$\Delta x = 1$。其次，对时间演化进行离散化，选取时间步长 Δt 进行模型，并设定 $\Delta t = 0.01$。最后，采用显式欧拉方法对时滞扩散模型(3.3)进行数值模拟。

为了研究染病群体在空间中的分布情况，模拟结果将重点展示染病群体的图灵斑图。在模拟过程中，当斑图的演化趋于稳定，即其结构特征不再随时间变化时，模拟过程结束。

在图 3.1 中，展示了不同参数下时滞扩散模型(3.3)在疾病暴发平衡点 P^* 处出现了不同结构的图灵斑图。具体参数如下：

$$R_p = 2.0, v = 0.15, \delta = 0.3, d_1 = 0.01, d_2 = 0.12, d_3 = 0.25$$

当 $R_0 = 1.14$ 时，平衡点为 $P^* = (0.1334, 0, 0.0187)$；当 $R_0 = 1.17$ 时，平衡点为 $P^* = (0.0755, 0, 0.0128)$。在不同的参数条件下，染病者的斑图表现出点状斑图、迷宫

斑图和黑眼斑图等不同的空间结构。这些斑图结构的变化反映了时滞扩散模型在不同参数下的特征。

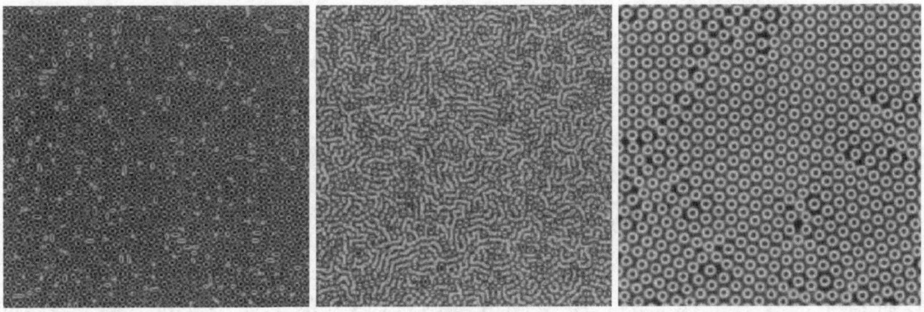

(a) R_0=1.14, τ=0.1　(b) R_0=1.17, τ=0.1　(c) R_0=1.17, τ=0.3

图 3.1　染病者的图灵斑图

3.2　具有时滞的生态-流行病模型的斑图动力学

在自然界中,一种常见的现象是捕食者通过移动来搜寻并捕捉猎物,而猎物则通过逃跑来避免被捕食。因此,许多实际的生物问题需要考虑种群在空间中的扩散。事实上,种群的生存繁衍及种群间的相互作用,通常会导致种群在空间中的分布表现出不均匀性。种群在空间中的分布形成的斑图有多种类型,如点状、条状及点状与条状共存等。

本领域大多数早期的研究集中于探讨两变量模型的空间斑图形成问题。例如,Sun 等研究了霍林-坦纳(Holling-Tanner)型捕食者-被捕食者模型的复杂时空行为,并证明了迁移过程对种群斑图的形成具有关键作用[5]。然而,对三变量模型的空间斑图研究相对较少。此外,在真实的生态模型中,捕食者从捕食食饵到繁殖下一代通常会经历一段时间的滞后。因此,研究捕食模型时,需要考虑时滞因素。接下来,本节将建立一个在捕食者种群中包含传染病传播的时滞捕食者-被捕食者扩散模型,旨在研究时滞和扩散对所建模型在斑图动力学方面的影响。

3.2.1　模型建立

Hilker 和 Schmitz 研究了在捕食者种群中传播的传染病,并考虑了易感者被感染后转变为染病者且永远不会康复的情形[6]。鉴于实际情况中,种群中的个体不可能接触到所有其他个体,因此采用了具有标准发生率的 SI(susceptible-infected,易感-感染)传染病传播机制。基于罗森茨魏希-麦克阿瑟(Rosenzweig-MacArthur)型捕食-被捕食者模型,文献[6]的两位作者又建立了一个包含传染病传播机制的捕食者-被捕食者模型:

$$\begin{cases}\dfrac{\mathrm{d}P_1(t)}{\mathrm{d}t}=bP_1(t)\left[1-\dfrac{P_1(t)}{K}\right]-\dfrac{aP_1(t)}{H+P_1(t)}[S_1(t)+I_1(t)]\\ \dfrac{\mathrm{d}S_1(t)}{\mathrm{d}t}=e\,\dfrac{aP_1(t)}{H+P_1(t)}[S_1(t)+I_1(t)]-dS_1(t)-\beta\,\dfrac{S_1(t)I_1(t)}{S_1(t)+I_1(t)}\\ \dfrac{\mathrm{d}I_1(t)}{\mathrm{d}t}=\beta\,\dfrac{S_1(t)I_1(t)}{S_1(t)+I_1(t)}-(d+\alpha)I_1(t)\end{cases} \tag{3.21}$$

因此,基于上述模型,考虑时间滞后因素,在捕食者与食饵相互作用项中引入时滞 τ。鉴于种群在二维空间中的扩散,模型中的每个方程需加入扩散项。此外,假设种群生活在一个孤立的二维空间区域内,区域外的个体不能进入该区域,而区域内的个体也无法越过边界。因此,模型采用诺伊曼边界条件。基于前面的假设和描述,建立了如下的模型[7]:

$$\begin{cases}\dfrac{\partial P_1(x,y,t)}{\partial t}=bP_1(x,y,t)\left[1-\dfrac{P_1(x,y,t)}{K}\right]-\dfrac{aP_1(x,y,t)}{H+P_1(x,y,t)}[S_1(x,y,t)+\\ \qquad I_1(x,y,t)]+d_1\,\nabla^2P_1(x,y,t),\ t>0,\ (x,y)\in\Omega\\ \dfrac{\partial S_1(x,y,t)}{\partial t}=e\,\dfrac{aP_1(x,y,t-\tau)}{H+P_1(x,y,t-\tau)}[S_1(x,y,t-\tau)+I_1(x,y,t-\tau)]-\\ \qquad dS_1(x,y,t)-\beta\,\dfrac{S_1(x,y,t)I_1(x,y,t)}{S_1(x,y,t)+I_1(x,y,t)}+d_2\,\nabla^2S_1(x,y,t)\\ \dfrac{\partial I_1(x,y,t)}{\partial t}=\beta\,\dfrac{S_1(x,y,t)I_1(x,y,t)}{S_1(x,y,t)+I_1(x,y,t)}-(d+\alpha)I_1(x,y,t)+d_3\,\nabla^2I_1(x,y,t)\\ \left.\dfrac{\partial P_1(x,y,t)}{\partial \boldsymbol{n}}\right|_{\partial\Omega}=\left.\dfrac{\partial S_1(x,y,t)}{\partial \boldsymbol{n}}\right|_{\partial\Omega}=\left.\dfrac{\partial I_1(x,y,t)}{\partial \boldsymbol{n}}\right|_{\partial\Omega}=0,\ t\geqslant 0\end{cases} \tag{3.22}$$

其中,初始条件为

$$P_1(x,y,t)=\varphi_1(x,y,t)\geqslant 0,\ S_1(x,y,t)=\varphi_2(x,y,t)\geqslant 0$$
$$I_1(x,y,t)=\varphi_3(x,y,t)\geqslant 0,(x,y,t)\in\Omega\times[-\tau,0]$$

这里,$\varphi_1(x,y,t)$、$\varphi_2(x,y,t)$ 和 $\varphi_3(x,y,t)$ 分别是食饵、健康捕食者和染病捕食者在时间段 $[-\tau,0]$ 上的初始数量;$P_1(x,y,t)$、$S_1(x,y,t)$ 和 $I_1(x,y,t)$ 分别表示在 t 时刻、(x,y) 位置处的食饵、健康捕食者和染病捕食者的数量;b 和 K 分别表示逻辑斯蒂模型的内禀增长率和环境容纳量;功能性反应项是霍林Ⅱ(Holling-Ⅱ)型的,其中捕食的最大速率为 a,半饱和常数为 H,以及消耗的食物转化为自身能量的速率为 e;β 表示传染率;d 表示自然死亡速率;α 表示因病死亡的速率;$\nabla^2=\partial^2/\partial x^2+\partial^2/\partial y^2$ 是二维空间中的拉普拉斯算子,反映种群在空间中的扩散;d_1、d_2 和 d_3 分别是 3 类种群的扩散系数;$\boldsymbol{n}$ 是区域边界 $\partial\Omega$ 处向外的法向量。

令 $P=P_1/K, S=S_1/eK, I=I_1/eK, T=eat$，上述模型(3.22)转换为

$$\begin{cases}\dfrac{\partial P}{\partial T}=rP(1-P)-\dfrac{P}{h+P}(S+I)+D_1\nabla^2 P\\ \dfrac{\partial S}{\partial T}=\dfrac{P(T-\bar{\tau})}{h+P(T-\bar{\tau})}[S(T-\bar{\tau})+I(T-\bar{\tau})]-mS-\beta_1\dfrac{SI}{S+I}+D_2\nabla^2 S\\ \dfrac{\partial I}{\partial t}=\beta_1\dfrac{SI}{S+I}-(m+\mu)I+D_3\nabla^2 I\end{cases} \tag{3.23}$$

其中

$$r=\frac{b}{ea}, h=\frac{H}{K}, m=\frac{d}{ea}, \beta_1=\frac{\beta}{ea}$$

$$\mu=\frac{\alpha}{ea}, D_1=\frac{d_1}{ea}, D_2=\frac{d_2}{ea}$$

$$D_3=\frac{d_3}{ea}, \bar{\tau}=ea\tau$$

注意所有参数均为正实数。

为了后续讨论方便，规定：

(1)当 $D_1=D_2=D_3=0, \bar{\tau}\neq 0$ 时，模型(3.23)称为时滞模型。

(2)当 $D_1\neq 0, D_2\neq 0, D_3\neq 0, \bar{\tau}=0$ 时，模型(3.23)称为扩散模型。

(3)当 $D_1\neq 0, D_2\neq 0, D_3\neq 0, \bar{\tau}\neq 0$ 时，模型(3.23)称为时滞扩散模型。

3.2.2　平衡点及其稳定性

在没有时滞和扩散的情况下，时滞扩散模型(3.23)对应如下的常微分方程模型：

$$\begin{cases}\dfrac{dP}{dT}=rP(1-P)-\dfrac{P}{h+P}(S+I)\\ \dfrac{dS}{dT}=\dfrac{P}{h+P}(S+I)-mS-\beta_1\dfrac{SI}{S+I}\\ \dfrac{dI}{dT}=\beta_1\dfrac{SI}{S+I}-(m+\mu)I\end{cases} \tag{3.24}$$

令上述模型的右端为关于 P、S、I 变量的函数，记为

$$f_1(P,S,I)=rP(1-P)-\frac{P}{h+P}(S+I)$$

$$f_2(P,S,I)=\frac{P}{h+P}(S+I)-mS-\beta_1\frac{SI}{S+I}$$

$$f_3(P,S,I)=\beta_1\frac{SI}{S+I}-(m+\mu)I$$

通过计算可知，模型(3.24)有两个平衡点，一个是捕食者无病平衡点 $E_0=(P_0,S_0,I_0)$，其中

$$P_0=-\frac{hm}{m-1},S_0=-\frac{hr(hm+m-1)}{(m-1)^2},I_0=0$$

另一个是捕食者染病平衡点 $E^*=(P^*,S^*,I^*)$，其中

$$P^*=\frac{(\beta_1-\mu)(\mu+m)h}{\beta_1-(\beta_1-\mu)(\mu+m)}$$

$$S^*=\frac{rh(\mu+m)[\beta_1-(1+h)(\beta_1-\mu)(\mu+m)]}{[\beta_1-(\beta_1-\mu)(\mu+m)]^2}$$

$$I^*=\frac{rh(\beta_1-\mu-m)[\beta_1-(1+h)(\beta_1-\mu)(\mu+m)]}{[\beta_1-(\beta_1-\mu)(\mu+m)]^2}$$

从生物学意义的角度来说，种群的数量不可能为负值，所以平衡点的值应该大于等于零。若条件 $m<\frac{1}{h+1}$ 成立，则 P_0、S_0 的值都大于零；而若条件 $\beta_1\neq\mu$，$m<\min\left\{\beta_1-\mu,\frac{\beta_1}{(1+h)(\beta_1-\mu)}\right\}$ 成立，则 P^*、S^*、I^* 的值都大于零，进而得到 $E^*=(P^*,S^*,I^*)$ 是正平衡点。注意，E_0、E^* 是时滞扩散模型(3.23)的常值平衡点。

为了考察模型(3.24)在平衡点 E_0、E^* 处的局部稳定性，先分析模型(3.24)在捕食者无病平衡点 E_0 处的雅可比矩阵，具体地有

$$\boldsymbol{J}_1=\begin{bmatrix}(hm+h+m-1)mr/(m-1) & -m & -m\\ -r(hm+m-1) & 0 & m-\beta_1\\ 0 & 0 & \beta_1-m-\mu\end{bmatrix}$$

通过计算，可得对应的特征方程为

$$\frac{[\lambda-(\beta_1-m-\mu)][(1-m)\lambda^2+rm(hm+h+m-1)\lambda+rm(hm+m-1)(m-1)]}{m-1}=0 \tag{3.25}$$

显然，上述特征方程有一个特征根为

$$\lambda_{11}=\beta_1-m-\mu$$

且剩下的两个特征根由下面的方程确定：

$$(1-m)\lambda^2+rm(hm+h+m-1)\lambda+r(hm+m-1)(m-1)m=0$$

设 λ_{12}、λ_{13} 是上述方程的两个特征根，可得

$$\lambda_{12}+\lambda_{13}=\frac{rm(1-m-hm-h)}{1-m}$$

$$\lambda_{12}\lambda_{13}=rm(1-m-hm)>0$$

如果下面的条件

$$\max\left\{\beta_1-\mu,\frac{1-h}{1+h}\right\}<m<\frac{1}{1+h} \tag{3.26}$$

成立，得到 $\lambda_{11}<0$，$\lambda_{12}+\lambda_{13}<0$，则说明特征方程(3.25)的特征根的实部均为负值，所以 E_0 是局部渐近稳定的。

模型(3.24)在捕食者染病平衡点 E^* 处的雅可比矩阵为[①]

$$\boldsymbol{J}_2=\begin{bmatrix} a_{11} & a_{12} & a_{12} \\ a_{21} & a_{22} & a_{23} \\ a_{31} & a_{32} & a_{33} \end{bmatrix}$$

其中

$$a_{11}=\left.\frac{\partial f_1}{\partial P}\right|_{E^*}=\frac{\{-[\beta_1-(1+h)(\beta_1-\mu)(\mu+m)]+\beta_1 h\}(\mu+m)(\beta_1-\mu)r}{-\beta_1[\beta_1-(\beta_1-\mu)(\mu+m)]}$$

$$a_{12}=\left.\frac{\partial f_1}{\partial S}\right|_{E^*}=-\frac{(\beta_1-\mu)(\mu+m)}{\beta_1}<0$$

$$a_{21}=\left.\frac{\partial f_2}{\partial P}\right|_{E^*}=\frac{r[\beta_1-(1+h)(\beta_1-\mu)(\mu+m)]}{\beta_1}>0$$

$$a_{22}=\left.\frac{\partial f_2}{\partial S}\right|_{E^*}=-\frac{(\beta_1-\mu-m)(\beta_1-2\mu-m)}{\beta_1}$$

$$a_{23}=\left.\frac{\partial f_2}{\partial I}\right|_{E^*}=\frac{(\beta_1-2\mu-m)(\mu+m)}{\beta_1}$$

$$a_{31}=\left.\frac{\partial f_3}{\partial P}\right|_{E^*}=0$$

$$a_{32}=\left.\frac{\partial f_3}{\partial S}\right|_{E^*}=\frac{(\beta_1-\mu-m)^2}{\beta_1}>0$$

$$a_{33}=\left.\frac{\partial f_3}{\partial I}\right|_{E^*}=-\frac{(\beta_1-\mu-m)(\mu+m)}{\beta_1}<0$$

通过计算可得，模型(3.24)在 E^* 处的特征方程为

$$\lambda^3+a_1\lambda^2+a_2\lambda+a_3=0 \tag{3.27}$$

其中

$$a_1=-(a_{11}+a_{22}+a_{33})$$

$$a_2=a_{11}a_{22}+a_{11}a_{33}-a_{12}a_{21}+a_{22}a_{33}-a_{23}a_{32}$$

$$a_3=-a_{11}a_{22}a_{33}+a_{11}a_{23}a_{32}+a_{12}a_{21}a_{33}-a_{12}a_{21}a_{32}$$

① 由于 $a_{13}=a_{12}$，故矩阵中第 1 行第 3 列位置写成 a_{12}。

而且，可计算出

$$a_1a_2-a_3=-a_{11}^2a_{22}-a_{11}^2a_{33}+a_{11}a_{12}a_{21}-a_{11}a_{22}^2-2a_{11}a_{22}a_{33}-a_{11}a_{33}^2+ \\ a_{12}a_{21}a_{22}+a_{12}a_{21}a_{32}-a_{22}^2a_{33}+a_{22}a_{23}a_{32}-a_{22}a_{33}^2+a_{23}a_{32}a_{33} \tag{3.28}$$

依据劳斯-赫尔维茨判据(Routh-Hurwitz criterion)[8]，可知特征方程(3.27)的所有特征根具有负实部的充分必要条件是

$$(S0)\ a_1>0, a_3>0, a_1a_2-a_3>0$$

从而表明 E^* 是局部渐近稳定的。

3.2.3 斑图动力学

这一小节将讨论时滞扩散模型(3.23)在捕食者染病平衡点 $E^*=(P^*, S^*, I^*)$ 处的时空动力学行为。利用文献[8]中处理时滞的方法，假设时滞 τ 比较小，则有

$$P(x,y,T-\overline{\tau})=P(x,y,T)-\overline{\tau}\frac{\partial P(x,y,T)}{\partial T}$$

$$S(x,y,T-\overline{\tau})=S(x,y,T)-\overline{\tau}\frac{\partial S(x,y,T)}{\partial T}$$

$$I(x,y,T-\overline{\tau})=I(x,y,T)-\overline{\tau}\frac{\partial I(x,y,T)}{\partial T}$$

故时滞扩散模型(3.23)可转换为下面的模型：

$$\begin{cases}\dfrac{\partial P}{\partial T}=rP(1-P)-\dfrac{P}{h+P}(S+I)+D_1\nabla^2P \\ \dfrac{\partial S}{\partial T}=\dfrac{P-\overline{\tau}\dfrac{\partial P}{\partial T}}{h+P-\overline{\tau}\dfrac{\partial P}{\partial T}}\left(S-\overline{\tau}\dfrac{\partial S}{\partial T}+I-\overline{\tau}\dfrac{\partial I}{\partial T}\right)-mS-\beta_1\dfrac{SI}{S+I}+D_2\nabla^2S \\ \dfrac{\partial I}{\partial T}=\beta_1\dfrac{SI}{S+I}-(\mu+m)I+D_3\nabla^2I\end{cases} \tag{3.29}$$

利用泰勒级数，对模型(3.29)的 3 个方程在 (P,S,I) 处进行泰勒展开，并忽略高阶非线性项，则模型(3.29)可转化为

$$\begin{cases}\dfrac{\partial P}{\partial T}=rP(1-P)-\dfrac{P}{h+P}(S+I)+D_1\nabla^2 P\\ \dfrac{\partial S}{\partial T}=g(P,S,I)-mS-\beta_1\dfrac{SI}{S+I}+g_P\left(-\bar{\tau}\dfrac{\partial P}{\partial T}\right)+\\ \qquad g_S\left(-\bar{\tau}\dfrac{\partial S}{\partial T}\right)+g_I\left(-\bar{\tau}\dfrac{\partial I}{\partial T}\right)+D_2\nabla^2 S\\ \dfrac{\partial I}{\partial T}=\beta_1\dfrac{SI}{S+I}-(\mu+m)I+D_3\nabla^2 I\end{cases}\tag{3.30}$$

其中

$$g(P,S,I)=\frac{P(S+I)}{(h+P)}$$

$$g_P=\frac{\partial g(P,S,I)}{\partial P}$$

$$g_S=\frac{\partial g(P,S,I)}{\partial S}$$

$$g_I=\frac{\partial g(P,S,I)}{\partial I}$$

进一步,模型(3.30)转化为

$$\begin{cases}\dfrac{\partial P}{\partial T}=f_1(P,S,I)+D_1\nabla^2 P\\ \dfrac{\partial S}{\partial T}=f_2(P,S,I)+g_P\left(-\bar{\tau}\dfrac{\partial P}{\partial T}\right)+g_S\left(-\bar{\tau}\dfrac{\partial S}{\partial T}\right)+\\ \qquad g_I\left(-\bar{\tau}\dfrac{\partial I}{\partial T}\right)+D_2\nabla^2 S\\ \dfrac{\partial I}{\partial T}=f_3(P,S,I)+D_3\nabla^2 I\end{cases}\tag{3.31}$$

因为捕食者染病平衡点 E^* 满足方程

$$f_1(P^*,S^*,I^*)=0,\ f_2(P^*,S^*,I^*)=0,\ f_3(P^*,S^*,I^*)=0$$

通过在 E^* 处对模型(3.31)进行泰勒级数展开,并忽略高阶非线性项,所以模型(3.31)转变为

$$\begin{cases}\dfrac{\partial P}{\partial T}=a_{11}(P-P^*)+a_{12}(S-S^*)+a_{12}(I-I^*)+D_1\nabla^2 P\\ \dfrac{\partial S}{\partial T}=a_{21}(P-P^*)+a_{22}(S-S^*)+a_{23}(I-I^*)+g_P\left(-\bar{\tau}\dfrac{\partial P}{\partial T}\right)+\\ \qquad g_S\left(-\bar{\tau}\dfrac{\partial S}{\partial T}\right)+g_I\left(-\bar{\tau}\dfrac{\partial I}{\partial T}\right)+D_2\nabla^2 S\\ \dfrac{\partial I}{\partial T}=a_{32}(S-S^*)+a_{33}(I-I^*)+D_3\nabla^2 I\end{cases}\tag{3.32}$$

其中

$$g_P = a_{21},\ g_S = g_I = -a_{12}$$

令 $P = P^* + \delta P$，$S = S^* + \delta S$ 和 $I = I^* + \delta I$，其中 δP、δS 和 δI 分别表示在平衡点 E^* 处的时空扰动，从而可得到

$$\begin{cases} \dfrac{\partial \delta P}{\partial T} = a_{11}\delta P + a_{12}\delta S + a_{12}\delta I + D_1 \nabla^2 \delta P \\ \dfrac{\partial \delta S}{\partial T} = a_{21}\delta P + a_{22}\delta S + a_{23}\delta I + a_{21}\left(-\bar{\tau}\dfrac{\partial \delta P}{\partial T}\right) - \\ \qquad a_{12}\left(-\bar{\tau}\dfrac{\partial \delta S}{\partial T}\right) - a_{12}\left(-\bar{\tau}\dfrac{\partial \delta I}{\partial T}\right) + D_2 \nabla^2 \delta S \\ \dfrac{\partial \delta I}{\partial T} = a_{32}\delta S + a_{33}\delta I + D_3 \nabla^2 \delta I \end{cases} \tag{3.33}$$

根据文献[4]，时空扰动 δP、δS 和 δI 可用下面的形式表示：

$$\delta P = \delta P^* \mathrm{e}^{\lambda t} \cos k_x x \cos k_y y \tag{3.34a}$$

$$\delta S = \delta S^* \mathrm{e}^{\lambda t} \cos k_x x \cos k_y y \tag{3.34b}$$

$$\delta I = \delta I^* \mathrm{e}^{\lambda t} \cos k_x x \cos k_y y \tag{3.34c}$$

通过把式(3.34a)至式(3.34c)代入模型(3.33)，可以推导出关于特征根 λ 的矩阵方程：

$$\begin{bmatrix} \lambda - a_{11} + D_1 k^2 & -a_{12} & -a_{12} \\ (\lambda\tau - 1)a_{21} & \lambda - a_{22} - a_{12}\lambda\tau + D_2 k^2 & -a_{23} - a_{12}\lambda\tau \\ 0 & -a_{32} & \lambda - a_{33} + D_3 k^2 \end{bmatrix} \begin{bmatrix} \delta P^* \\ \delta S^* \\ \delta I^* \end{bmatrix} = 0 \tag{3.35}$$

且 $k_x^2 + k_y^2 = k^2$。进一步推出对应于模型(3.23)的特征方程：

$$\lambda^3 + a_1(k,\tau)\lambda^2 + a_2(k,\tau)\lambda + a_3(k,\tau) = 0 \tag{3.36}$$

其中

$$a_1(k,\tau) = \frac{1}{a_0}[(-D_1 a_{12}\tau - D_3 a_{12}\tau + D_1 + D_2 + D_3)k^2 + a_{12}\tau(a_{11} + a_{21} - a_{32} + a_{33}) + a_1] \tag{3.37}$$

$$a_2(k,\tau) = \frac{1}{a_0}\{[D_1 D_3(1 - a_{12}\tau) + D_1 D_2 + D_2 D_3]k^4 + [D_1 \tau a_{12}(a_{33} - a_{32}) + D_3 \tau a_{12}(a_{11} + a_{21}) - D_1(a_{22} + a_{33}) - D_2(a_{11} + a_{33}) - D_3(a_{11} + a_{22})]k^2 + a_{12}\tau(a_{11} + a_{21})(a_{32} - a_{33}) + a_2\} \tag{3.38}$$

$$a_3(k,\tau) = y_1 k^6 + y_2 k^4 + y_3 k^2 + y_4 \tag{3.39}$$

这里

$$y_1 = \frac{D_1 D_2 D_3}{a_0} > 0$$

$$y_2 = -\frac{D_1 D_2 a_{33} + D_1 D_3 a_{22} + D_2 D_3 a_{11}}{a_0}$$

$$y_3 = \frac{D_1 a_{22} a_{33} - D_1 a_{23} a_{32} + D_2 a_{11} a_{33} + D_3 a_{11} a_{22} - D_3 a_{12} a_{21}}{a_0}$$

$$y_4 = \frac{a_3}{a_0} > 0$$

而且，由于 $a_{12} < 0$ 成立，可知 $a_0 = -a_{12}\tau + 1 > 0$。

进一步，通过计算可得

$$a_1(k,\tau)a_2(k,\tau) - a_3(k,\tau) = \frac{1}{a_0^2}[p_1(\tau)k^6 + p_2(\tau)k^4 + p_3(\tau)k^2 + p_4(\tau)] \tag{3.40}$$

且记 $f(k,\tau) = a_1(k,\tau)a_2(k,\tau) - a_3(k,\tau)$。其中

$$\begin{aligned}
p_1(\tau) = {} & D_1 D_3 a_{12}^2 (D_3 + D_1)\tau^2 - (D_3 + D_1)a_{12}(D_1 D_2 + 2D_1 D_3 + D_2 D_3)\tau + \\
& (D_2 + D_3)(D_3 + D_1)(D_1 + D_2) > 0 \\
p_2(\tau) = {} & a_{12}^2 \tau^2 [D_1^2(a_{32} - a_{33}) - D_3^2(a_{11} + a_{21}) - 2D_1 D_3(a_{11} + a_{21} - a_{32} + a_{33})] + \\
& a_{12}\tau[a_{22}(D_1 + D_3)^2 - D_1^2(a_{32} - 2a_{33}) + D_3^2(a_{21} + a_{22}) + (D_1 D_2 + \\
& 2D_1 D_3 + D_2 D_3)(a_{11} + a_{21} - a_{32} + a_{33}) + D_1 D_2(a_{11} - a_{32} + a_{33}) + \\
& 2D_1 D_3(a_{11} + a_{33}) + D_2 D_3(a_{11} + a_{21} + a_{33})] - a_{22}(D_1 + D_3)^2 - \\
& a_{33}(D_1 + D_2)^2 - a_{11}(D_2 + D_3)^2 - 2D_1 D_2(a_{11} + a_{22}) - \\
& 2D_1 D_3(a_{11} + a_{33}) - 2D_2 D_3(a_{22} + a_{33}) \\
p_3(\tau) = {} & -a_{12}^2 \tau^2 [-D_1(a_{32} - a_{33})^2 + 2(D_1 + D_3)(a_{11} + a_{21})(a_{32} - a_{33})] - \\
& a_{12}\tau[(D_1 + D_3)(2a_{11} + a_{21})(a_{22} + 2a_{33} - a_{32}) + (D_2 a_{11} + D_2 a_{33} + \\
& 2D_3 a_{11})(a_{11} + a_{21}) + 2D_1(a_{33} - a_{32})(a_{22} + a_{33}) + (D_2 a_{21} + D_2 a_{11} + \\
& D_2 a_{33} + D_3 a_{22})(a_{33} - a_{32}) - D_1 a_{12} a_{21} - D_2 a_{11} a_{32} + D_3(a_{21} a_{22} + \\
& a_{22} a_{33} - a_{23} a_{32})] + D_1(a_{22} + a_{33})^2 + D_1(2a_{11} a_{22} + 2a_{11} a_{33} - a_{12} a_{21}) + \\
& D_2(a_{11} + a_{33})^2 + D_2(2a_{11} a_{22} + 2a_{22} a_{33} - a_{12} a_{21} - a_{23} a_{32}) + \\
& D_3(a_{11} + a_{22})^2 + D_3(2a_{22} a_{33} + 2a_{11} a_{33} - a_{23} a_{32}) \\
p_4(\tau) = {} & r_1 \tau^2 + r_2 \tau + r_3
\end{aligned} \tag{3.41}$$

这里

$$r_1 = a_{12}^2(a_{32} - a_{33})(a_{11} + a_{21})(a_{11} + a_{21} - a_{32} + a_{33})$$

$r_2 = a_{12}[a_{11}(a_{11}+a_{21})(a_{22}+a_{33})+(2a_{11}+a_{21})(a_{33}-a_{32})(a_{22}+a_{33})+(a_{33}-a_{32})(a_{11}^2+a_{11}a_{21}+a_{22}a_{33}-a_{23}a_{32})-a_{12}a_{21}(a_{11}+a_{21})+a_{21}(a_{22}a_{33}-a_{23}a_{32})]$

$r_3 = a_1 a_2 - a_3 > 0$

注意到当 $d_1=d_2=d_3=0$ 时，模型(3.23)转化为时滞模型。

定理 3.3 时滞模型(3.23)在平衡点 E^* 处经历霍普夫分岔当且仅当条件(S1)和(S2)同时成立。

(S1) $a_{12}(a_{11}+a_{21}-a_{32}+a_{33})\tau > -a_1$。

(S2) $r_1\tau^2 + r_2\tau + r_3 = 0$。

证明 当不考虑扩散时，即对于 $k=0$，可以得到 $a_3(0,\tau)=y_4=a_3/a_0>0$。又因为条件(S1)成立，所以 $a_1(0,\tau)>0$。进一步，由条件(S2)成立，可得到 $f(0,\tau)=0$。根据文献[9]中的定理，时滞模型(3.23)在 E^* 处发生霍普夫分岔的充要条件是

$$a_1(0,\tau)>0,\ a_3(0,\tau)>0 \text{ 和 } f(0,\tau)=\frac{p_4(\tau)}{a_0^2}=0$$

从而可得，霍普夫分岔存在的临界分岔线 H 为

$$p_4(\tau)=r_1\tau^2+r_2\tau+r_3=0$$

时滞扩散模型(3.23)在不考虑扩散时(即时滞模型条件下)，对应下面的特征方程：

$$\lambda^3 + a_1(0,\tau)\lambda^2 + a_2(0,\tau)\lambda + a_3(0,\tau) = 0 \tag{3.42}$$

其中

$$a_1(0,\tau)=\frac{1}{a_0}[a_{12}\tau(a_{11}+a_{21}-a_{32}+a_{33})+a_1]$$

$$a_2(0,\tau)=\frac{1}{a_0}[a_{12}\tau(a_{11}+a_{21})(a_{32}-a_{33})+a_2]$$

$$a_3(0,\tau)=y_4>0$$

而且，可以计算出 $f(0,\tau)=\dfrac{p_4(\tau)}{a_0^2}=\dfrac{r_1\tau^2+r_2\tau+r_3}{a_0^2}$。

定理 3.4 如果条件(S1)和条件(S3)都成立，则时滞模型(3.23)的平衡点 E^* 是局部渐近稳定的。

(S1) $a_{12}(a_{11}+a_{21}-a_{32}+a_{33})\tau > -a_1$。

(S3) $r_1>0$，$r_2>0$，或者 $r_1>0$，$r_2<0$，$4r_1r_3-r_2^2>0$，或者 $r_1>0$，$r_2<0$，$4r_1r_3-r_2^2=0$，$\tau\in\left(0,-\dfrac{r_2}{2r_1}\right)\cup\left(-\dfrac{r_2}{2r_1},+\infty\right)$，或者 $r_1>0$，$r_2<0$，$4r_1r_3-r_2^2<0$，

$\tau \in \left(0, \dfrac{-r_2-\sqrt{-(4r_1r_3-r_2^2)}}{2r_1}\right) \cup \left(\dfrac{-r_2+\sqrt{-(4r_1r_3-r_2^2)}}{2r_1}, +\infty\right)$，或者 $r_1 < 0$，$\tau \in \left(0, \dfrac{-r_2-\sqrt{-(4r_1r_3-r_2^2)}}{2r_1}\right)$。

证明　因为条件(S1)成立，所以 $a_1(0,\tau) > 0$。由式子 $r_3 > 0$，可得 $p_4(0) = r_3 > 0$。接下来，讨论 $\tau > 0$ 时，一元二次函数 $p_4(\tau)$ 的符号。

(1)如果 $r_1 > 0$，$r_2 > 0$ 成立，则对于任意的 $\tau > 0$，都有 $p_4(\tau) > 0$。

(2)如果 $r_1 > 0$ 成立，可得到二次函数 $p_4(\tau)$ 的开口方向向上。由 $\dfrac{\mathrm{d}p_4(\tau)}{\mathrm{d}\tau} = 0$ 推导出极值点为 $\tau_c = -\dfrac{r_2}{2r_1}$，又因为条件 $r_2 < 0$ 成立，则极值点 $\tau_c > 0$，此时的极值点就是最小值点。进一步，需要分类讨论 $p_4(\tau_c) = \dfrac{4r_1r_3-r_2^2}{4r_1}$ 的符号。

情形 1：若条件 $4r_1r_3 - r_2^2 > 0$，可得最小值 $p_4(\tau_c) = \dfrac{4r_1r_3-r_2^2}{4r_1} > 0$，从而推导出对于任意的 $\tau > 0$，都有 $p_4(\tau) > 0$。

情形 2：若条件 $4r_1r_3 - r_2^2 = 0$，则得到最小值 $p_4(\tau_c) = 0$，进而对于 $\tau \in \left(0, -\dfrac{r_2}{2r_1}\right) \cup \left(-\dfrac{r_2}{2r_1}, +\infty\right)$，都有 $p_4(\tau) > 0$。

情形 3：若条件 $4r_1r_3 - r_2^2 < 0$，可得最小值 $p_4(\tau_c) = \dfrac{4r_1r_3-r_2^2}{4r_1} < 0$。由方程 $p_4(\tau) = 0$，可以计算出两个根：

$$\tau_1 = \frac{-r_2-\sqrt{-(4r_1r_3-r_2^2)}}{2r_1} > 0,\ \tau_2 = \frac{-r_2+\sqrt{-(4r_1r_3-r_2^2)}}{2r_1} > 0$$

且 $\tau_1 < \tau_2$。进而对于 $\tau \in \left(0, \dfrac{-r_2-\sqrt{-(4r_1r_3-r_2^2)}}{2r_1}\right) \cup \left(\dfrac{-r_2+\sqrt{-(4r_1r_3-r_2^2)}}{2r_1}, +\infty\right)$，都有 $p_4(\tau) > 0$。

(3) 如果 $r_1 < 0$ 成立，可知二次函数 $p_4(\tau)$ 的开口方向向下。由方程 $p_4(\tau) = 0$，计算出两个根：

$$\tau_1 = \frac{-r_2-\sqrt{-(4r_1r_3-r_2^2)}}{2r_1},\ \tau_2 = \frac{-r_2+\sqrt{-(4r_1r_3-r_2^2)}}{2r_1}$$

又因为 $r_3 > 0$，可得 $\tau_1 > 0 > \tau_2$。从而对于 $\tau \in \left(0, \dfrac{-r_2-\sqrt{-(4r_1r_3-r_2^2)}}{2r_1}\right)$，都有 $p_4(\tau) > 0$。

当 $p_4(\tau)>0$ 时，显然 $f(0,\tau)>0$ 成立。最后，当 $a_1(0,\tau)>0, a_3(0,\tau)>0, f(0,\tau)>0$ 时，根据劳斯-赫尔维茨判据，可知特征方程(3.42)的所有特征根的实部均为负值，因此时滞模型(3.23)的平衡点 E^* 是局部渐近稳定的。

定理 3.5 如果条件(S1)和条件(S3)都成立（见定理 3.4），以及条件(S4)和条件(S5)至少有一个成立，则存在 $k>0$，使得时滞扩散模型(3.23)的捕食者染病平衡点 E^* 变得不稳定。

(S4) $y_3<0, -2(-3y_1y_3)^{\frac{3}{2}}+27y_1^2y_4-9y_1y_2y_3+2y_2^3<0$，或者 $y_3=0, y_2<0, -2(-3y_1y_3)^{\frac{3}{2}}+27y_1^2y_4-9y_1y_2y_3+2y_2^3<0$，或者 $y_3>0, y_2<0, y_2^2-3y_1y_3>0, -2(-3y_1y_3)^{\frac{3}{2}}+27y_1^2y_4-9y_1y_2y_3+2y_2^3<0$；

(S5) $p_3<0, -2(p_2^2-3p_1p_3)^{\frac{3}{2}}+27p_1^2p_4-9p_1p_2p_3+2p_2^3<0$，或者 $p_3=0, p_2<0, -2(p_2^2-3p_1p_3)^{\frac{3}{2}}+27p_1^2p_4-9p_1p_2p_3+2p_2^3<0$，或者 $p_3>0, p_2<0, p_2^2-3p_1p_3>0, -2(p_2^2-3p_1p_3)^{\frac{3}{2}}+27p_1^2p_4-9p_1p_2p_3+2p_2^3<0$。

证明 由条件(S1)和 $a_{12}<0$，可得 $a_1(k,\tau)>0$，但 $a_3(k,\tau)$ 和 $f(k,\tau)$ 的符号不确定。

令 $k^2=e>0$，$a_3(k,\tau)$ 记为

$$y(e)=y_1e^3+y_2e^2+y_3e+y_4$$

其中 $y_1>0, y_4>0$。通过对函数 $y(e)$ 进行求导数，可得

$$\frac{\mathrm{d}y(e)}{\mathrm{d}e}=3y_1e^2+2y_2e+y_3$$

由方程 $\frac{\mathrm{d}y(e)}{\mathrm{d}e}=0$ 可计算出极值点

$$e_{y_1}=\frac{-y_2+\sqrt{y_2^2-3y_1y_3}}{3y_1},\ e_{y_2}=\frac{-y_2-\sqrt{y_2^2-3y_1y_3}}{3y_1}$$

且 $e_{y_1}>e_{y_2}$。进一步，对 $y(e)$ 求二阶导数，可算出

$$\frac{\mathrm{d}^2y(e)}{\mathrm{d}e^2}=6y_1e+2y_2$$

接下来，分类讨论 $y(e)$ 的符号：

(1)如果 $y_3<0$ 成立，有 $e_{y_1}>0>e_{y_2}$。

(2)如果 $y_3=0, y_2<0$ 成立，有 $e_{y_1}>e_{y_2}=0$。

(3)如果 $y_3>0, y_2<0$ 成立，且当 $y_2^2-3y_1y_3>0$ 时，可得 $e_{y_1}>e_{y_2}=0$。

由(1)、(2)或(3)中的任意一个条件成立，可以得到二阶导数

$$\frac{\mathrm{d}^2y(e)}{\mathrm{d}e^2}\Big|_{e=e_{y_1}}=2\sqrt{y_2^2-3y_1y_3}>0$$

从而得出 e_{y_1} 是函数 $y(e)$ 的极小值点。进一步，如果条件 $-2(y_2^2-3y_1y_3)^{\frac{3}{2}}+27y_1^2y_4-9y_1y_2y_3+2y_2^3<0$ 成立，通过一些推导，可以得到函数 $y(e)$ 的极小值为

$$y(e_{y_1})=y_1e_{y_1}^3+y_2e_{y_1}^2+y_3e_{y_1}+y_4<0$$

从而存在 $e>0$ 使得 $y(e)<0$，进而存在 $k>0$，使得 $a_3(k,\tau)<0$。通过类似的分析过程，可以得到存在 $k>0$，使得 $f(k,\tau)<0$。显然，对于存在 $k>0$ 使得 $a_3(k,\tau)<0$ 和存在 $k>0$ 使得 $f(k,\tau)<0$ 的情形，如果两种情形中至少有一种满足，那么根据劳斯-赫尔维茨判据，即可得出时滞扩散模型(3.23)的平衡点 E^* 是不稳定的。

根据定理 3.4 和定理 3.5 可以推导出时滞扩散模型(3.23)在捕食者染病平衡点 E^* 处发生了图灵分岔，并产生了空间稳定的图灵斑图。进一步，根据定理 3.5 可以推导出时滞扩散模型(3.23)在平衡点 E^* 处发生图灵分岔的临界条件为

$$y(e_{y_1})=y_1e_{y_1}^3+y_2e_{y_1}^2+y_3e_{y_1}+y_4=0$$

通过代入 e_{y_1} 的具体表达式，可得时滞扩散模型(3.23)在 E^* 处发生图灵分岔的临界分支线 $T1$ 为

$$-2(y_2^2-3y_1y_3)^{\frac{3}{2}}+27y_1^2y_4-9y_1y_2y_3+2y_2^3=0 \tag{3.43}$$

类似地，时滞扩散模型(3.23)在 E^* 处发生图灵分岔的另一条临界分岔线 $T2$ 为

$$-2(p_2^2-3p_1p_3)^{\frac{3}{2}}+27p_1^2p_4-9p_1p_2p_3+2p_2^3=0 \tag{3.44}$$

综上所述，根据定理 3.4 和定理 3.5，可以推导出时滞扩散模型(3.23)发生图灵分岔的条件为(S0)(S1)(S3)(S4)或者(S5)成立。

图 3.2 展示了时滞扩散模型(3.23)的双参数分岔图。固定参数为

$$\beta_1=1.8,\mu=0.6,\tau=0.01 \tag{3.45}$$

当其他参数取 $m=0.8$，$D_1=1$，$D_2=0.03$，$D_3=2$ 时，那么在图 3.2(a)中，时滞扩散模型(3.23)在 E^* 处发生图灵分岔的临界分岔线 $T1$ 和时滞模型(3.23)发生霍普夫分岔的临界分岔线 H 将 $h-r$ 参数平面划分为 3 个区域。在区域 1 中，霍普夫分岔的发生导致时滞扩散模型(3.23)的平衡点 E^* 变得不稳定；在区域 2 中，霍普夫分岔和图灵分岔同时发生，使得平衡点 E^* 变得不稳定；在区域 3 中，只有图灵分岔发生，导致时滞扩散模型(3.23)的平衡点 E^* 变得不稳定，并引发时滞扩散模型产生图灵斑图，这一区域称为图灵区域。

当其他参数取 $m=0.7$，$D_1=10$，$D_2=0.1$，$D_3=4$ 时，在图 3.2(b)中，参数平面被划分为 4 个区域。区域 1 受到图灵分岔和霍普夫分岔共同作用，导致平衡点 E^* 失稳；在区域 2 中，图灵分岔导致时滞扩散模型(3.23)的平衡点 E^* 变得稳定，并引发时滞扩散模型自组织形成图灵斑图，这一区域称为图灵区域；在区域 3 中，

时滞扩散模型(3.23)的平衡点 E^* 是无条件稳定的；而在区域 4 中，时滞扩散模型(3.23)发生霍普夫分岔，导致平衡点 E^* 变得不稳定。

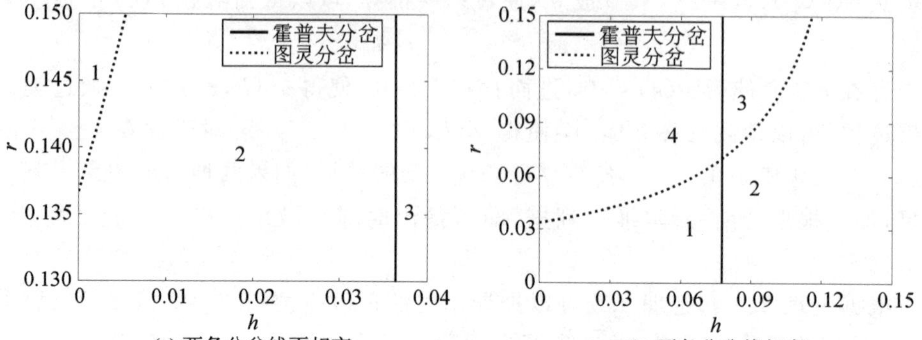

(a) 两条分岔线不相交　　　　(b) 两条分岔线相交

图 3.2　$h-r$ 参数平面的分岔图

当时滞扩散模型(3.23)不考虑时滞(即为扩散模型)时，可推导出下面的特征方程：

$$\lambda^3 + a_1(k,0)\lambda^2 + a_2(k,0)\lambda + a_3(k,0) = 0 \tag{3.46}$$

其中

$$a_1(k,0) = \frac{1}{a_0}[(D_1 + D_2 + D_3)k^2 + a_1] > 0$$

$$a_2(k,0) = \frac{1}{a_0}[(D_1D_2 + D_1D_3 + D_2D_3)k^4 - (D_1a_{22} + D_1a_{33} + D_2a_{11} + D_2a_{33} + D_3a_{11} + D_3a_{22})k^2 + a_2]$$

$$a_3(k,0) = y_1k^6 + y_2k^4 + y_3k^2 + y_4$$

通过计算，可得到

$$f(k,0) = a_1(k,0)a_2(k,0) - a_3(k,0) = \frac{1}{a_0^2}(q_1k^6 + q_2k^4 + q_3k^2 + q_4)$$

其中

$$q_1 = (D_2 + D_3)(D_3 + D_1)(D_1 + D_2) > 0$$

$$q_2 = -a_{22}(D_1 + D_3)^2 - a_{33}(D_1 + D_2)^2 - a_{11}(D_2 + D_3)^2 - 2D_1D_2(a_{11} + a_{22}) - 2D_1D_3(a_{11} + a_{33}) - 2D_2D_3(a_{22} + a_{33})$$

$$q_3 = D_1(a_{22} + a_{33})^2 + D_1(2a_{11}a_{22} + 2a_{11}a_{33} - a_{12}a_{21}) + D_2(a_{11} + a_{33})^2 + D_2(2a_{11}a_{22} + 2a_{22}a_{33} - a_{12}a_{21} - a_{23}a_{32}) + D_3(a_{11} + a_{22})^2 + D_3(2a_{22}a_{33} + 2a_{11}a_{33} - a_{23}a_{32})$$

$$q_4 = a_1a_2 - a_3 > 0$$

定理 3.6 如果以下条件(H1)和条件(H2)都成立,则扩散模型(3.23)的平衡点 E^* 是局部渐近稳定的。

(H1) $y_2^2-3y_1y_3\leqslant 0$,或者 $y_3>0$,$y_2^2-3y_1y_3>0$,$y_2>0$,或者 $y_3=0$,$y_2>0$,或者 $y_3<0$,$-2(y_2^2-3y_1y_3)^{\frac{3}{2}}+27y_1^2y_4-9y_1y_2y_3+2y_2^3>0$,或者 $y_3=0$,$y_2<0$,$-2(y_2^2-3y_1y_3)^{\frac{3}{2}}+27y_1^2y_4-9y_1y_2y_3+2y_2^3>0$,或者 $y_3>0$,$y_2<0$,$y_2^2-3y_1y_3>0$,$-2(y_2^2-3y_1y_3)^{\frac{3}{2}}+27y_1^2y_4-9y_1y_2y_3+2y_2^3>0$。

(H2) $q_2^2-3q_1q_3\leqslant 0$,或者 $q_3>0$,$q_2^2-3q_1q_3>0$,$q_2>0$,或者 $q_3=0$,$q_2>0$,或者 $q_3<0$,$-2(q_2^2-3q_1q_3)^{\frac{3}{2}}+27q_1^2q_4-9q_1q_2q_3+2q_2^3>0$,或者 $q_3=0$,$q_2<0$,$-2(q_2^2-3q_1q_3)^{\frac{3}{2}}+27q_1^2q_4-9q_1q_2q_3+2q_2^3>0$,或者 $q_3>0$,$q_2<0$,$q_2^2-3q_1q_3>0$,$-2(q_2^2-3q_1q_3)^{\frac{3}{2}}+27q_1^2q_4-9q_1q_2q_3+2q_2^3>0$。

证明 令 $k^2=e>0$,结合式(3.39),则 $a_3(k,0)$ 可以转化为关于 e 的表达式:

$$y(e)=y_1e^3+y_2e^2+y_3e+y_4$$

其中,$y_1>0$,$y_4>0$。由 $\dfrac{\mathrm{d}y(e)}{\mathrm{d}e}=3y_1e^2+2y_2e+y_3=0$ 可推出极值点

$$e_{y_1}=\frac{-y_2+\sqrt{y_2^2-3y_1y_3}}{3y_1},\ e_{y_2}=\frac{-y_2-\sqrt{y_2^2-3y_1y_3}}{3y_1}$$

且 $e_{y_1}>e_{y_2}$。进一步,对函数 $y(e)$ 求二阶导数,可计算出 $\dfrac{\mathrm{d}^2y(e)}{\mathrm{d}e^2}=6y_1e+2y_2$。下面分类讨论函数 $y(e)$ 的符号,进而分析出 $a_3(k,0)$ 的符号。

(1) 如果 $y_2^2-3y_1y_3\leqslant 0$,根据三次函数的图像和性质,容易推出 $y(e)$ 在整个空间中是增函数,又因为 $y(0)=y_4>0$,可得到对于任意的 $e>0$ 都有 $y(e)>0$ 成立,进而对于任意的 $k>0$,都存在 $a_3(k,0)<0$。

(2) 如果 $y_3>0$,$y_2^2-3y_1y_3>0$ 和 $y_2>0$ 成立,可得 $e_{y_2}<e_{y_1}<0$。又因为 $y(0)=y_4>0$,则对于任意的 $e>0$ 都有 $y(e)>0$ 成立,进而对于任意的 $k>0$,都存在 $a_3(k,0)<0$。

(3) 如果 $y_3=0$,$y_2>0$,有 $e_{y_1}=0>e_{y_2}$。又因为 $y(e_{y_1})=y(0)=y_4>0$,可以得到对于任意的 $e>0$ 都有 $y(e)>0$ 成立,进而对于任意的 $k>0$,都存在 $a_3(k,0)<0$。

(4) 如果 $y_3<0$,有 $e_{y_1}>0>e_{y_2}$。由二阶导数

$$\left.\frac{\mathrm{d}^2y(e)}{\mathrm{d}e^2}\right|_{e=e_{y_1}}=2\sqrt{y_2^2-3y_1y_3}>0$$

可知 e_{y_1} 是极小值点。进一步,如果条件

$$-2(y_2^2-3y_1y_3)^{\frac{3}{2}}+27y_1^2y_4-9y_1y_2y_3+2y_2^3>0$$

成立，通过一些计算，可推导出函数 $y(e)$ 的极小值

$$y(e_{y_1})=y_1e_{y_1}^3+y_2e_{y_1}^2+y_3e_{y_1}+y_4>0$$

又因为 $y(0)=y_4>0$，可以得到对于任意的 $e>0$ 都有 $y(e)>0$ 成立，进而对于任意的 $k>0$，都存在 $a_3(k,0)<0$。

(5) 如果 $y_3=0$，$y_2<0$，可得到 $e_{y_1}>0=e_{y_2}$。由二阶导数

$$\left.\frac{\mathrm{d}^2y(e)}{\mathrm{d}e^2}\right|_{e=e_{y_1}}=2\sqrt{y_2^2-3y_1y_3}>0$$

可知 e_{y_1} 是极小值点。进一步，如果条件

$$-2(y_2^2-3y_1y_3)^{\frac{3}{2}}+27y_1^2y_4-9y_1y_2y_3+2y_2^3>0$$

成立，通过一些计算，可推导出函数 $y(e)$ 的极小值

$$y(e_{y_1})=y_1e_{y_1}^3+y_2e_{y_1}^2+y_3e_{y_1}+y_4>0$$

又因为 $y(0)=y_4>0$，可以得到对于任意的 $e>0$ 都有 $y(e)>0$ 成立，进而对于任意的 $k>0$，都有 $a_3(k,0)<0$。

(6) 如果 $y_3>0$，$y_2<0$ 且 $y_2^2-3y_1y_3>0$，则有 $e_{y_1}>e_{y_2}>0$。再由二阶导数

$$\left.\frac{\mathrm{d}^2y(e)}{\mathrm{d}e^2}\right|_{e=e_{y_1}}=2\sqrt{y_2^2-3y_1y_3}>0$$

可知 e_{y_1} 是极小值点。进一步，如果条件

$$-2(y_2^2-3y_1y_3)^{\frac{3}{2}}+27y_1^2y_4-9y_1y_2y_3+2y_2^3>0$$

成立，通过一些计算，可推导出 $y(e)$ 的极小值

$$y(e_{y_1})=y_1e_{y_1}^3+y_2e_{y_1}^2+y_3e_{y_1}+y_4>0$$

又因为 $y(0)=y_4>0$，可以得到对于任意的 $e>0$ 都有 $y(e)>0$ 成立，进而对于任意的 $k>0$，都有 $a_3(k,0)<0$。

类似地，如果条件(H2)成立，可推出对于任意的 $k>0$，都有 $f(k,0)>0$。最后，当 $a_1(k,0)>0, a_3(k,0)>0$，$f(k,0)>0$ 时，根据劳斯-赫尔维茨判据，可知特征方程(3.46)的所有根的实部都为负值，因此，扩散模型(3.23)的 E^* 是局部渐近稳定的。

定理 3.7 如果条件(H1)和条件(H2)(见定理 3.6)，以及条件(H3)和条件(H4)都成立，则时滞扩散模型(3.23)的平衡点 E^* 变得不稳定。

(H3) $a_{11}+a_{21}-a_{32}+a_{33}<0$。

(H4) $p_2^2-3p_1p_3\leqslant 0$，或者 $p_3>0$，$p_2^2-3p_1p_3>0$，$p_2>0$，或者 $p_3=0$，$p_2>0$，或者 $p_3<0$，$-2(p_2^2-3p_1p_3)^{\frac{3}{2}}+27p_1^2p_4-9p_1p_2p_3+2p_2^3>0$，或者

$p_3=0, p_2<0, -2(p_2^2-3p_1p_3)^{\frac{3}{2}}+27p_1^2p_4-9p_1p_2p_3+2p_2^3>0$，或者 $p_3>0$，$p_2<0$，$p_2^2-3p_1p_3>0$，$-2(p_2^2-3p_1p_3)^{\frac{3}{2}}+27p_1^2p_4-9p_1p_2p_3+2p_2^3>0$

证明　若条件(H3)成立并结合 $a_{12}<0$，容易得到对于任意的 $\tau>0$，都有 $a_1(k,\tau)>0$。根据定理 3.6，如果条件(H1)和条件(H2)成立，可得对于任意的 $\tau>0$，都存在 $a_3(k,\tau)>0$。接下来，分析 $f(k,\tau)$ 的符号。令 $k^2=e>0$，则 $f(k,\tau)$ 等价于下面的形式：

$$z(e)=p_1e^3+p_2e^2+p_3e+p_4$$

其中，$p_1>0$。由 $\dfrac{\mathrm{d}z(e)}{\mathrm{d}e}=3p_1e^2+2p_2e+p_3=0$，可推出极值点

$$e_{z_1}=\frac{-p_2+\sqrt{p_2^2-3p_1p_3}}{3p_1}, e_{z_2}=\frac{-p_2-\sqrt{p_2^2-3p_1p_3}}{3p_1}$$

且 $e_{z_1}>e_{z_2}$。进一步，对函数 $z(e)$ 求二阶导数并将结果代入 e_{z_1}，可计算出 $\left.\dfrac{\mathrm{d}^2z(e)}{\mathrm{d}e^2}\right|_{e=e_{z_1}}=6p_1e+2p_2=2\sqrt{p_2^2-3p_1p_3}$。接下来分类讨论函数 $z(e)$ 的符号，进而可分析出 $f(k,\tau)$ 的符号。

(1)如果 $p_2^2-3p_1p_3\leqslant 0$，由三次函数的图像和性质，可知 $z(e)$ 在整个空间中是增函数，又因为 $p_4<0$ 成立，所以 $z(0)=p_4<0$。因此，存在 $e>0$ 使得 $z(e)<0$，进而存在 $k>0$，使得 $f(k,\tau)<0$。

(2)如果 $p_3>0, p_2^2-3p_1p_3>0$ 和 $p_2>0$ 同时成立，可得 $e_{z_2}<e_{z_1}<0$。又因为 $p_4<0$ 成立，所以 $z(0)=p_4<0$。因此，存在 $e>0$ 使得 $z(e)<0$，进而存在 $k>0$，使得 $f(k,\tau)<0$。

(3)如果 $p_3=0, p_2>0$，则有 $e_{z_1}=0>e_{z_2}$。又因为 $p_4<0$ 成立，所以 $z(e_{z_1})=z(0)=p_4<0$。因此，可推出存在 $e>0$ 使得 $z(e)<0$，进而存在 $k>0$，使得 $f(k,\tau)<0$。

(4)如果 $p_3<0$，有 $e_{z_1}>0>e_{z_2}$。由二阶导数

$$\left.\frac{\mathrm{d}^2z(e)}{\mathrm{d}e^2}\right|_{e=e_{z_1}}>0$$

可知 e_{z_1} 是极小值点。又因为条件

$$-2(p_2^2-3p_1p_3)^{\frac{3}{2}}+27p_1^2p_4-9p_1p_2p_3+2p_2^3<0$$

成立，通过一些计算，推导出函数 $z(e)$ 的极小值

$$z(e_{z_1})=p_1e_{y_1}^3+p_2e_{y_1}^2+p_3e_{y_1}+p_4<0$$

因此，可推出存在 $e>0$ 使得 $z(e)<0$，进而存在 $k>0$，使得 $f(k,\tau)<0$。

(5)如果 $p_3=0, p_2<0$，可得到 $e_{z_1}>0=e_{z_2}$。二阶导数

$$\left.\frac{\mathrm{d}^2 z(e)}{\mathrm{d}e^2}\right|_{e=e_{z_1}} > 0$$

可知 e_{z_1} 是极小值点。进一步，如果条件

$$-2(p_2^2-3p_1p_3)^{\frac{3}{2}}+27p_1^2p_4-9p_1p_2p_3+2p_2^3<0$$

成立，通过一些计算，可推导出函数 $z(e)$ 的极小值

$$z(e_{z_1})=p_1e_{y_1}^3+p_2e_{y_1}^2+p_3e_{y_1}+p_4<0$$

因此，可推出存在 $e>0$ 使得 $z(e)<0$，进而存在 $k>0$，使得 $f(k,\tau)<0$。

(6)如果 $p_3>0$，$p_2<0$ 且 $p_2^2-3p_1p_3>0$，则有 $e_{z_1}>e_{z_2}>0$。再由二阶导数

$$\left.\frac{\mathrm{d}^2 z(e)}{\mathrm{d}e^2}\right|_{e=e_{z_1}} > 0$$

可知 e_{z_1} 是极小值点。又因为条件

$$-2(p_2^2-3p_1p_3)^{\frac{3}{2}}+27p_1^2p_4-9p_1p_2p_3+2p_2^3<0$$

成立，通过一些计算，可推导出函数 $z(e)$ 的极小值

$$z(e_{z_1})=p_1e_{y_1}^3+p_2e_{y_1}^2+p_3e_{y_1}+p_4<0$$

进一步，可推出存在 $e>0$ 使得 $z(e)<0$，进而存在 $k>0$，使得 $f(k,\tau)<0$。

根据劳斯-赫尔维茨判据，上述的情况表明时滞扩散模型(3.23)的平衡点 E^* 是不稳定的。

综上所述，结合定理 3.6 和定理 3.7，可以推出时滞扩散模型(3.23)发生失稳的条件为(S0)(H1)(H2)(H3)和(H4)成立。

参考文献

[1] MOULAY D, PIGNE Y. A metapopulation model for chikungunya including populations mobility on a large-scale network[J]. Journal of theoretical biology, 2013, 318(2): 129 - 139.

[2] BEREZOVSKAYA F, KAREV G, SONG B, et al. A simple epidemic model with surprising dynamics [J]. Mathematical biosciences and engineering, 2004, 2(1): 133 - 152.

[3] WANG W, CAI Y, WU M, et al. Complex dynamics of a reaction-diffusion epidemic model[J]. Nonlinear analysis: real world applications, 2012, 13(5): 2240 - 2258.

[4] SEN S, GHOSH P, RIAZ S S, et al. Time-delay-induced instabilities in reaction-diffusion systems[J/OL]. Physica review E, 2009, 80: 046212 [2024 - 10 - 20]. https://journals. aps. org/ pre/abstract/10. 1103/

PhysRevE. 80. 046212. DOI：10. 1103/PhysRevE. 80. 046212.

[5] SUN G Q, ZHANG J, SONG L P, et al. Pattern formation of a spatial predator-prey system[J]. Applied mathematics and computation, 2012, 218(22): 11151－11162.

[6] HILKER F M, SCHMITZ K. Disease-induced stabilization of predator-prey oscillations[J]. Journal of theoretical biology, 2008, 255(3): 299－306.

[7] LI J, JIN Z, SUN G Q, et al. Pattern dynamics of a delayed eco-epidemiological model with disease in the predator [J]. Discrete and continuous dynamical system-series S, 2017, 10: 1025－1042.

[8] 马知恩，周义仓. 常微分方程定性与稳定性方法[M]. 北京：科学出版社，2001.

[9] YU P. Closed-form conditions of bifurcation points for general differential equations[J]. International journal of bifurcation and chaos, 2005, 15(4): 1467－1483.

第 4 章　植被系统的周期振荡模式研究

4.1　具有转化时滞的克劳斯迈尔植被-水模型的周期振荡模式

植被在维持和改善生态环境方面发挥着至关重要的作用，被誉为“生态系统工程师”，对栖息地的物种多样性和种群丰度具有显著影响[1-2]。气候条件（如光照、降水、温度等）、地理环境（如山地、平原等）及人类活动（如放牧、砍伐等）均会对植被的生长与分布产生影响，从而形成不同的植被斑图。此外，实证研究表明，植被生物量通常呈现周期性波动[3-4]。然而，沙漠化是干旱区土地的典型退化过程，地面植被保护已成为亟待解决的问题，因此深入探讨这些现象背后的内在驱动机制成为研究热点。对干旱和半干旱区植被系统的研究有助于更好地理解植被系统变化的内在机制，并为植被保护提供理论支持，从而为生态系统稳健性的研究提供有价值的参考。

4.1.1　模型建立

基于 Klausmeier 在《科学》（*Science*）上提出的植被-水模型[5]，假设植被根系吸收水分转化为植被生物量的过程并非即刻发生，而是需要一定时间来完成。为此，在 Klausmeier 提出的植被方程中，引入了时滞效应，以描述植被与水之间的交互作用。通过在植被-水模型中加入时滞项，构建了一个具有转化时滞的克劳斯迈尔（Klausmeier）植被-水模型[6]：

$$
\begin{cases}
\dfrac{\partial N(x,t)}{\partial t}=RJW(x,t-\tau)N^2(x,t-\tau)-MN(x,t)+D_1\nabla^2N(x,t) \\
\dfrac{\partial W(x,t)}{\partial t}=A-LW(x,t)-RW(x,t)N^2(x,t)+H\dfrac{\partial W(x,t)}{\partial x}+ \\
\qquad D_2\nabla^2(W(x,t)-\beta_1N(x,t)),t\geqslant 0,x\in(0,\pi) \\
\left.\dfrac{\partial N(x,t)}{\partial x}\right|_{x=0,\pi}=0,\left.\dfrac{\partial W(x,t)}{\partial x}\right|_{x=0,\pi}=0,t\geqslant 0
\end{cases}
\tag{4.1}
$$

其中，初始条件为

$$N(x,t)=\varphi_1(x,t)\geqslant 0,W(x,t)=\varphi_2(x,t)\geqslant 0,(x,t)\in[0,\pi]\times[-\tau,0]$$

这里，$\varphi_1(x,t)$ 和 $\varphi_2(x,t)$ 分别表示初始植被生物量和土壤含水量；$N(x,t)$ 和 $W(x,t)$ 分别表示在 x 位置和 t 时刻的植被生物量和土壤含水量；τ 为转化时滞；

A 表示自然条件下的降水率；L 为单位时间内水的蒸发率；M 为植被的自然死亡率；H 为水流沿着斜坡流动的速率；R 为植被根系的吸水速率；J 为植被吸水转化为生物量的速率；拉普拉斯算子 $\nabla^2=\partial^2/\partial x^2$；$D_1$ 表示无性繁殖或种子扩散对应的植被扩散率；D_2 表示水的自由扩散率；β_1 表示土壤水扩散的反馈强度。在该模型中，选择非零初始条件和齐次诺依曼边界条件，需要注意的是，对于反应扩散对流模型，考虑时滞效应、空间扩散等因素时，模型的动力学行为将变得更加复杂。

4.1.2　时滞模型的动力学

采用无量纲化方法，设

$$s=\frac{\sqrt{R}J}{\sqrt{L}}W,n=\frac{\sqrt{R}}{\sqrt{L}}N,T=Lt,\overline{\tau}=L\tau$$

为了后续符号表示方便，使用 t 和 τ 分别代替 T 和 $\overline{\tau}$，则模型(4.1)简化为

$$\begin{cases}\dfrac{\partial n(x,t)}{\partial t}=s(x,t-\tau)n^2(x,t-\tau)-mn(x,t)+d_1\nabla^2 n(x,t)\\ \dfrac{\partial s(x,t)}{\partial t}=a-s(x,t)n^2(x,t)+v_1\dfrac{\partial s(x,t)}{\partial x}+d_2\nabla^2[s(x,t)-\beta n(x,t)]\end{cases}\tag{4.2}$$

其中

$$a=\frac{\sqrt{R}J}{L\sqrt{L}}A,m=\frac{M}{L},v_1=\frac{H}{L}$$

$$\beta=\beta_1 J,d_1=\frac{D_1}{L},d_2=\frac{D_2}{L}$$

本节主要研究平坦地形上的植被生态系统，即不考虑斜坡上水的对流扩散。于是考虑如下的模型：

$$\begin{cases}\dfrac{\partial n(x,t)}{\partial t}=s(x,t-\tau)n^2(x,t-\tau)-mn(x,t)+d_1\nabla^2 n(x,t)\\ \dfrac{\partial s(x,t)}{\partial t}=a-s(x,t)-s(x,t)n^2(x,t)+d_2\nabla^2[s(x,t)-\beta n(x,t)]\end{cases}\tag{4.3}$$

为了后续讨论方便，规定：

(1)当 $d_1=0,d_2=0,\tau\neq 0$ 时，将模型(4.3)称为时滞模型。

(2)当 $d_1\neq 0,d_2\neq 0,\tau=0$ 时，将模型(4.3)称为扩散模型。

(3)当 $d_1\neq 0,d_2\neq 0,\tau\neq 0$ 时，将模型(4.3)称为时滞扩散模型。

在不考虑空间扩散和时滞效应(即 $d_1=d_2=0,\tau=0$)时，模型(4.3)转化为如下的常微分方程模型：

$$\begin{cases} \dfrac{\mathrm{d}n(t)}{\mathrm{d}t} = s(t)n^2(t) - mn(t) \\ \dfrac{\mathrm{d}s(t)}{\mathrm{d}t} = a - s(t) - s(t)n^2(t) \end{cases} \tag{4.4}$$

通过计算和线性分析,可得到以下结果:

(1)对于任何正实数 a 来说,模型(4.4)始终存在一个植被灭绝(即裸地态)平衡点 $E_0=(0,a)$,且是局部渐近稳定的。

(2)当 $a>2m$ 时,模型(4.4)存在两个植被平衡点 $E_*=(n_*,s_*)$ 和 $E^*=(n^*,s^*)$,其中

$$s_* = \frac{a+\sqrt{a^2-4m^2}}{2},\ n_* = \frac{m}{s_*}$$

$$s^* = \frac{a-\sqrt{a^2-4m^2}}{2},\ n^* = \frac{m}{s^*}$$

进一步可得到 E_* 是鞍点,而 E^* 是局部渐近稳定的。此外,当 $a=2m$ 时,E_* 与 E^* 重合,即 $E_{**}=(1,m)$。

图 4.1 展示了模型(4.4)的平衡点及其稳定性随着参数 a 的变化情况,其中 $m=0.8$。 在该图中,E_0 和 E^* 是稳定的平衡点,而 E_* 是不稳定的平衡点,E_* 与 E^* 在 $a=2m$ 重合为 E_{**}。 注意到,这些平衡点对应于模型(4.3)的常数稳态解,故 E_* 和 E^* 分别称为不稳定均匀植被态和稳定均匀植被态。

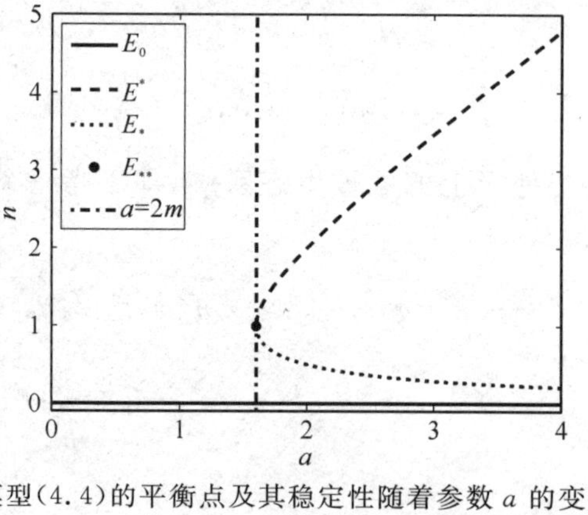

图 4.1 模型(4.4)的平衡点及其稳定性随着参数 a 的变化示意图

从生物学的角度,下面研究具有生物学意义的植被平衡 E^* 和 E_{**}。 为简化后续分析,将这两个平衡点记为 $\hat{E}=(\hat{n},\hat{s})$。 将 $\bar{n}=n-\hat{n}$,$\bar{s}=s-\hat{s}$ 代入时滞扩散模型(4.3),并在 $\hat{E}$ 处对时滞扩散模型(4.3)进行线性化,得到

$$\begin{cases} \dfrac{\partial \overline{n}(t)}{\partial t} = a_{11}\overline{n}(t) + b_{11}\overline{n}(t-\tau) + a_{12}\overline{s}(t-\tau) \\ \dfrac{\partial \overline{s}(t)}{\partial t} = a_{21}\overline{n}(t) + a_{22}\overline{s}(t) \end{cases} \tag{4.5}$$

其中，$a_{11}=-m$，$b_{11}=2m$，$a_{12}=\dfrac{m^2}{\hat{s}^2}$，$a_{21}=-2m$，$a_{22}=-\dfrac{m^2+\hat{s}^2}{\hat{s}^2}$。

由模型(4.5)可推出时滞模型(4.3)的特征方程为

$$\Delta(\tau)=\lambda^2-(a_{11}+a_{22})\lambda+a_{11}a_{22}+(-b_{11}\lambda-a_{12}a_{21}+a_{22}b_{11})\mathrm{e}^{-\lambda\tau}=0 \tag{4.6}$$

接下来，主要关注转化时滞对时滞模型(4.3)的动力学行为的影响，并选择 τ 作为控制参数。为了找到分岔的存在条件，将 $\lambda=\mathrm{i}\omega(\omega>0)$ 代入特征方程(4.6)，可得

$$\begin{aligned} &-\omega^2-\mathrm{i}(a_{11}+a_{22})\omega+a_{11}a_{22}-\mathrm{i}b_{11}\omega\cos\omega\tau-b_{11}\omega\sin\omega\tau+ \\ &(b_{11}a_{22}-a_{12}a_{21})\cos\omega\tau-\mathrm{i}(b_{11}a_{22}-a_{12}a_{21})\sin\omega\tau=0 \end{aligned} \tag{4.7}$$

通过分离方程(4.7)的实部和虚部，可得

$$\begin{cases} -\omega^2+a_{11}a_{22}=b_{11}\omega\sin\omega\tau-(b_{11}a_{22}-a_{12}a_{21})\cos\omega\tau \\ -(a_{11}+a_{22})\omega=b_{11}\omega\cos\omega\tau+(b_{11}a_{22}-a_{12}a_{21})\sin\omega\tau \end{cases} \tag{4.8}$$

将上述两个方程的左右两边平方后再相加，可得

$$\omega^4+p\omega^2+q=0 \tag{4.9}$$

其中

$$p=a_{11}^2+a_{22}^2-b_{11}^2$$
$$q=a_{11}^2a_{22}^2-(b_{11}a_{22}-a_{12}a_{21})^2$$

进一步，令 $z=\omega^2$，则方程(4.9)转化为

$$z^2+pz+q=0 \tag{4.10}$$

假设方程(4.10)有两个实根 z_1 和 z_2，即

$$z_1=\frac{-p+\sqrt{p^2-4q}}{2},\ z_2=\frac{-p-\sqrt{p^2-4q}}{2}$$

且 $z_1>z_2$。根据二次函数的性质，有

$$\begin{aligned} &z_1+z_2=-p=\frac{1}{\hat{s}^4}\left[(\sqrt{3}m-1)\hat{s}^2-m^2\right]\left[(\sqrt{3}m+1)\hat{s}^2+m^2\right] \\ &z_1z_2=q=\frac{m(m-\hat{s})(m+\hat{s})}{\hat{s}^2}\cdot\frac{m(m^2+3\hat{s}^2)}{\hat{s}^2} \end{aligned} \tag{4.11}$$

对于植被平衡 E^*，显然，当 $a>2m$ 时，$m-s^*>0$ 成立，可进一步推导出 $z_1z_2>0$。在上述结果和数学分析的基础上，考虑下述两种不同的情形：

(1)如果满足条件(C1) $a>2m$ 和 $(\sqrt{3}m-1)(s^*)^2-m^2<0$，则方程(4.10)

无正根。根据模型(4.4)的 E^* 的稳定性,可知当 $\tau \geqslant 0$ 时,特征方程(4.6)的所有特征根的实部均为负。

(2)如果满足条件(C2) $a > 2m$ 和 $(\sqrt{3}m-1)(s^*)^2 - m^2 > 0$,则特征方程(4.6)有两对纯虚根 $\pm \mathrm{i}\omega_{01}$ 和 $\pm \mathrm{i}\omega_{02}$,并且 $\omega_{01} > \omega_{02}$, $\omega_{0i} = \sqrt{z_i}$, $i=1,2$。

从方程组(4.8),当 $i=1,2$ 时,可以求解出

$$\begin{cases} \cos\omega_{0i}\tau = \dfrac{1}{2}\cdot\dfrac{\omega_{0i}^2\hat{s}^2 + m\omega_{0i}^2 + m^2 + \hat{s}^2}{\hat{s}^2(\omega_{0i}^2+1)} = C(\omega_{0i}) \\ \sin\omega_{0i}\tau = \dfrac{1}{2}\cdot\dfrac{\omega_{0i}(-\omega_{0i}^2\hat{s}^2 + m^3 - m^2 - \hat{s}^2)}{m\hat{s}^2(\omega_{0i}^2+1)} = S(\omega_{0i}) \end{cases} \tag{4.12}$$

进一步,当 $i=1,2$, $j=0,1,2,\cdots$时,可计算出转化时滞的临界值:

$$\tau_{0i}^j = \begin{cases} \dfrac{\arccos C(\omega_{0i}) + 2j\pi}{\omega_{0i}}, S(\omega_{0i}) \geqslant 0 \\ \dfrac{2\pi - \arccos C(\omega_{0i}) + 2j\pi}{\omega_{0i}}, S(\omega_{0i}) < 0 \end{cases}$$

设 $\lambda(\tau) = r(\tau) + \mathrm{i}\omega(\tau)$ 为特征方程(4.6)在 τ_{0i}^j 附近的特征根,当 $i=1,2$, $j=0,1,2,\cdots$ 时,特征根的实部和虚部分别满足 $r(\tau_{0i}^j)=0$, $\omega(\tau_{0i}^j)=\omega_{0i}$。

对特征方程(4.6)的两边关于 τ 求导,可得

$$\{2\lambda - (a_{11}+a_{22}) - b_{11}\mathrm{e}^{-\lambda\tau} + \tau[b_{11}\lambda + (a_{12}a_{21} - a_{22}b_{11})]\mathrm{e}^{-\lambda\tau}\}\frac{\mathrm{d}\lambda}{\mathrm{d}\tau} +$$

$$[b_{11}\lambda + (a_{12}a_{21} - a_{22}b_{11})]\lambda\mathrm{e}^{-\lambda\tau} = 0$$

整理上述式子,可得

$$\begin{aligned} \mathrm{Re}\left(\frac{\mathrm{d}\lambda}{\mathrm{d}\tau}\bigg|_{\tau=\tau_{0i}^j}\right)^{-1} &= -\mathrm{Re}\left\{\left[\frac{2\lambda - (a_{11}+a_{22}) - b_{11}\mathrm{e}^{-\lambda\tau}}{[b_{11}\lambda + (a_{12}a_{21} - a_{22}b_{11})]\lambda\mathrm{e}^{-\lambda\tau}} - \frac{\tau}{\lambda}\right]\bigg|_{\tau=\tau_{0i}^j}\right\} \\ &= \mathrm{Re}\left\{-\frac{2\lambda\mathrm{e}^{-\lambda\tau} - (a_{11}+a_{22})\mathrm{e}^{\lambda\tau} - b_{11}}{[b_{11}\lambda + (a_{12}a_{21} - a_{22}b_{11})]\lambda}\bigg|_{\tau=\tau_{0i}^j}\right\} \\ &= \mathrm{Re}\left\{\frac{2\omega_{0i}^2 + p}{b_{11}^2\omega_{0i}^2 + (a_{12}a_{21} - a_{22}b_{11})^2}\right\} \end{aligned}$$

基于上述分析,对于条件(C2),由于表达式 $2\omega_{01}^2 + p = \sqrt{p^2 - 4q} > 0$ 成立,则横截性条件

$$\mathrm{Re}\left(\frac{\mathrm{d}\lambda}{\mathrm{d}\tau}\bigg|_{\tau=\tau_{01}^j}\right) > 0$$

同样地,根据 $2\omega_{02}^2 + p = -\sqrt{p^2 - 4q} < 0$ 推导出横截性条件

$$\mathrm{Re}\left(\frac{\mathrm{d}\lambda}{\mathrm{d}\tau}\bigg|_{\tau=\tau_{02}^j}\right) < 0$$

通过上述分析，得到了以下结论。

定理 4.1　如果条件(C1)成立，时滞模型(4.3)的植被平衡点 E^* 对于 $\tau \geqslant 0$ 是绝对稳定的。

进一步讨论时滞模型(4.3)中稳定性切换发生的条件。

引理 4.1　如果条件(C2)和 $m > 1$ 成立，则 $\tau_{01}^0 < \tau_{02}^0$。

证明　为了分析 τ_{01}^0 和 τ_{02}^0 之间的关系，假设 $S(\omega_{0i}) < 0$，并定义下述函数：

$$C(\omega) = \frac{1}{2} \cdot \frac{\omega^2 (s^*)^2 + m\omega^2 + m^2 + (s^*)^2}{(s^*)^2 (\omega^2 + 1)}$$

$$G_1(\omega) = 2\pi - \arccos C(\omega)$$

$$G_2(\omega) = \frac{1}{\omega} G_1(\omega)$$

可以推导出

$$\frac{\mathrm{d}C(\omega)}{\mathrm{d}\omega} = -\frac{m\omega(m-1)}{(s^*)^2 (\omega^2 + 1)^2}$$

显然，如果 $m > 1$ 成立，则 $C(\omega)$ 是关于 ω 的单调递减函数，进一步根据复合函数的性质，即 $\frac{\mathrm{d}G_1(\omega)}{\mathrm{d}\omega} < 0$，表明 $G_1(\omega)$ 是关于 ω 的一个单调递减函数。通过直接求解一阶导数，可得

$$\frac{\mathrm{d}G_2(\omega)}{\mathrm{d}\omega} = -\frac{G_1(\omega)}{\omega^2} + \frac{1}{\omega} \cdot \frac{\mathrm{d}G_1(\omega)}{\mathrm{d}\omega} < 0$$

从而得到对于 $\omega_{01} > \omega_{02}$ 有 $\tau_{01}^0 < \tau_{02}^0$。使用同样的分析方法，无法得出 $m < 1$ 时，$G_2(\omega)$ 的单调性，因此不讨论这种情况。

定理 4.2　如果条件(C2)和 $m > 1$ 成立，则时滞模型(4.3)随着 τ 的增加产生稳定性切换现象，且稳定性切换的数量是有限的，即存在一个正整数 l，使得植被平衡点 E^* 在 $\tau \in [0, \tau_{01}^0) \cup (\tau_{02}^0, \tau_{01}^1) \cup (\tau_{02}^1, \tau_{01}^2) \cup \cdots \cup (\tau_{02}^{l-1}, \tau_{01}^l)$ 时是局部渐近稳定的，同时，对于 $\tau \in [\tau_{01}^0, \tau_{02}^0) \cup (\tau_{01}^1, \tau_{01}^1) \cup (\tau_{01}^2, \tau_{02}^2) \cup \cdots \cup (\tau_{02}^{l-1}, \tau_{02}^{l-1}) \cup (\tau_{01}^l, +\infty)$ 存在相反情况。而且，当 $\tau = \tau_{0i}^j, i = 1, 2, j = 0, 1, 2, \cdots$ 时，时滞模型(4.3)在 E^* 处经历了霍普夫分岔。

证明　根据条件(C2)，得到了横截性条件

$$\mathrm{Re}\left(\left.\frac{\mathrm{d}\lambda}{\mathrm{d}\tau}\right|_{\tau=\tau_{01}^j}\right) > 0,\ \mathrm{Re}\left(\left.\frac{\mathrm{d}\lambda}{\mathrm{d}\tau}\right|_{\tau=\tau_{02}^j}\right) < 0$$

这表明了一对负实根在 $\mathrm{i}\omega_{01}$ 处穿过虚轴，并在每一个临界点 $\tau = \tau_{01}^j$ 进入右半平面；而一对正实根在 $\mathrm{i}\omega_{02}$ 处穿过虚轴，在每一个临界点 $\tau = \tau_{02}^j$ 处回到左半平面，并随着 τ 的增加而发生稳定性切换。此外，通过分析

$$\tau_{01}^{j+1} - \tau_{01}^j = \frac{2\pi}{\omega_{01}}, \tau_{02}^{j+1} - \tau_{02}^j = \frac{2\pi}{\omega_{02}}$$

由于 $\omega_{01} > \omega_{02}$，可以得到 $\tau_{01}^{j+1} - \tau_{01}^{j} < \tau_{02}^{j+1} - \tau_{02}^{j}$，这表明该切换不能持续到整个序列 $\{\tau_{01}^{j}\}$ 和 $\{\tau_{02}^{j}\}$，$j = 0,1,2,\cdots$。因此，稳定性切换的数目是有限的，设该数目为 l，满足 $\tau_{01}^{l-1} < \tau_{02}^{l-1} < \tau_{01}^{l} < \tau_{01}^{l+1} < \tau_{02}^{l}$。从而，右半平面的根的多重性至少为 2 个，可得时滞模型(4.3)对于 $\tau > \tau_{01}^{l}$ 是不稳定的。根据条件(C2)和相应的横截性条件，当 $\tau = \tau_{0i}^{j}, i = 1,2, j = 0,1,2,\cdots$ 时，容易得到时滞模型(4.3)在 E^* 处经历了霍普夫分岔。

对于重合平衡点 $E_{**} = (1,m)$，通过将 E_{**} 代入系数表达式 a_{11}、b_{11}、a_{12}、a_{21} 和 a_{22}，对应的特征方程(4.6)可转化为

$$\Delta(\tau) = \lambda^2 + (m+2)\lambda + 2m - 2m(\lambda+1)\mathrm{e}^{-\lambda\tau} \tag{4.13}$$

当 $\tau = 0$ 时，方程(4.13)转化为

$$\Delta(0) = \lambda^2 - (m-2)\lambda \tag{4.14}$$

显然，特征方程(4.14)的两个根是

$$\lambda_1 = 0, \lambda_2 = m - 2$$

如果 $m \neq 2$ 成立，则时滞模型(4.3)在 E_{**} 处经历了一个鞍结点分岔。

很容易验证 $\lambda_1 = 0$ 是特征方程(4.13)的一个实根。接下来判断其他特征根的实部的正负号。通过令 $\lambda = \mathrm{i}\omega\ (\omega > 0)$，将其代入特征方程(4.13)，并分离实部和虚部，可以得到

$$\begin{cases} -\omega^2 + 2m = 2m\omega\sin\omega\tau + 2m\cos\omega\tau \\ (m+2)\omega = 2m\omega\cos\omega\tau - 2m\sin\omega\tau \end{cases} \tag{4.15}$$

将上述两个方程的左右两边平方后再相加，可得

$$\omega^4 + (-3m^2 + 4)\omega^2 = 0$$

令 $z = \omega^2$，上述方程转化为

$$z^2 + (-3m^2 + 4)z = 0 \tag{4.16}$$

则方程(4.16)的两个根分别为

$$z_1 = 0$$
$$z_2 = 3m^2 - 4 = (\sqrt{3}m + 2)(\sqrt{3}m - 2)$$

将在下面讨论 z_2 的符号：

(1)如果条件(C3) $m < \dfrac{2\sqrt{3}}{3}$ 成立，则方程(4.16)无正实根。根据模型(4.4)的 E_{**} 的稳定性，特征方程(4.13)的所有根在 $\tau \geqslant 0$ 时除零根外其所有根的实部均为负值。

(2)如果条件(C4) $\dfrac{2\sqrt{3}}{3} < m < 2$ 成立，则方程(4.16)有一个正实根，这表明特征方程(4.13)有一对纯虚根 $\pm\mathrm{i}\omega_0$，其中 $\omega_0 = \sqrt{z_2}$。

通过求解方程(4.15)，可以得到

$$\begin{aligned}\cos\omega_0\tau &= \frac{1}{2}\cdot\frac{m\omega_0^2+\omega_0^2+2m}{m(\omega_0^2+1)} = C(\omega_0)\\ \sin\omega_0\tau &= \frac{1}{2}\cdot\frac{\omega_0(-\omega_0^2+m-2)}{m(\omega_0^2+1)} = S(\omega_0)\end{aligned} \tag{4.17}$$

容易验证 $C(\omega_0)>0$ 和 $S(\omega_0)<0$。

进一步地，由方程(4.17)可计算出 τ 的临界值：

$$\tau_0^j = \frac{2\pi - \arccos C(\omega_0) + 2j\pi}{\omega_0}, j=0,1,2,\cdots$$

类似地，设 $\lambda(\tau)=r(\tau)+\mathrm{i}\omega(\tau)$ 为特征方程(4.13)在 τ_0^j 附近的特征根，满足 $r(\tau_0^j)=0$ 和 $\omega(\tau_0^j)=\omega_0$，$j=0,1,2,\cdots$。

对特征方程(4.13)关于 τ 求导，可得

$$[2\lambda+m+2+2m(\lambda+1)\tau\mathrm{e}^{-\lambda\tau}-2m\mathrm{e}^{-\lambda\tau}]\frac{\mathrm{d}\lambda}{\mathrm{d}\tau}+2m\lambda(\lambda+1)\mathrm{e}^{-\lambda\tau}=0$$

整理可得

$$\begin{aligned}\mathrm{Re}\left(\frac{\mathrm{d}\lambda}{\mathrm{d}\tau}\bigg|_{\tau=\tau_0^j}\right)^{-1} &= \mathrm{Re}\left\{\left[\frac{2\lambda+m+2-2m\mathrm{e}^{-\lambda\tau}}{-2m\lambda(\lambda+1)\mathrm{e}^{-\lambda\tau}}-\frac{\tau}{\lambda}\right]\bigg|_{\tau=\tau_0^j}\right\}\\ &= \mathrm{Re}\left\{\left[-\frac{(2\lambda+m+2)\mathrm{e}^{\lambda\tau}-2m}{2m\lambda(\lambda+1)}\right]\bigg|_{\tau=\tau_0^j}\right\}\\ &= \mathrm{Re}\left\{\frac{\omega_0^2}{4m^2(\omega_0^2+1)}\right\}\end{aligned}$$

利用条件(C4)，由表达式 $\omega_0^2-3m^2+4=0$，得到横截性条件

$$\mathrm{Re}\left(\frac{\mathrm{d}\lambda}{\mathrm{d}\tau}\bigg|_{\tau=\tau_0^j}\right)>0$$

根据研究结果，得到以下结论。

定理 4.3　时滞模型(4.3)在重合平衡点 E_{**} 处的分岔行为满足：

(1)如果条件(C3)成立，对于 $\tau\geqslant 0$，时滞模型(4.3)在 E_{**} 处经历一个鞍结点分岔。

(2)如果条件(C4)成立，当 $\tau=\tau_0^j$，$j=0,1,2,\cdots$ 时，时滞模型(4.3)在 E_{**} 处经历了一个鞍结点-霍普夫分岔。

4.1.3　时滞扩散模型的动力学

在本节中，将讨论时滞扩散模型(4.3)在 E^* 和 E_{**} 处的动力学行为，并将这两个平衡点表示为 $\hat{E}=(\hat{n},\hat{s})$。通过在时滞扩散模型(4.3)中插入 $\bar{n}=n-\hat{n}$，$\bar{s}=$

$s-\hat{s}$，并在 $\hat{E}$ 处对模型进行线性化，可以推出

$$\begin{cases}\dfrac{\partial \overline{n}(t)}{\partial t}=a_{11}\overline{n}(t)+b_{11}\overline{n}(t-\tau)+a_{12}\overline{s}(t-\tau)+d_2\ \nabla\overline{n}^2\\ \dfrac{\partial \overline{s}(t)}{\partial t}=a_{21}\overline{n}(t)+a_{22}\overline{s}(t)+d_2\ \nabla^2(\overline{s}-\beta\overline{n})\end{cases}\tag{4.18}$$

基于变量分离方法和诺依曼边界条件，关于 $\overline{n}$ 和 $\overline{s}$ 的时空微扰可表示为

$\overline{n}=\hat{n}e^{\lambda t}\cos kx$，$\overline{s}=\hat{s}e^{\lambda t}\cos kx$，$\forall k\in\mathbf{Z}^+$

然后将其代入线性化模型(4.18)中，可以推导出时滞扩散模型(4.3)对应的特征方程为

$$\Delta(k,\tau)=\lambda^2+[(d_1+d_2)k^2-(a_{11}+a_{22})]\lambda+[d_1d_2k^4-(a_{11}d_2+a_{22}d_1)k^2+a_{11}a_{22}]+[-b_{11}\lambda-(a_{12}\beta+b_{11})d_2k^2-a_{12}a_{21}+a_{22}b_{11}]e^{-\lambda\tau}=0\tag{4.19}$$

当 $\tau=0$ 时，方程(4.19)等价为如下的特征方程：

$$\Delta(k,0)=\lambda^2+[(d_1+d_2)k^2-(a_{11}+b_{11}+a_{22})]\lambda+d_1d_2k^4-[a_{22}d_1+(a_{11}+b_{11}+a_{12}\beta)d_2]k^2+a_{11}a_{22}-a_{12}a_{21}+a_{22}b_{11}=0\tag{4.20}$$

假设 λ_1 和 λ_2 为方程(4.20)的两个根，即对于 $\forall k\in\mathbf{Z}^+$，有

$$\lambda_1+\lambda_2=-[(d_1+d_2)k^2-(a_{11}+b_{11}+a_{22})]$$

$$\lambda_1\lambda_2=d_1d_2k^4-[a_{22}d_1+(a_{11}+b_{11}+a_{12}\beta)d_2]k^2+a_{11}a_{22}-a_{12}a_{21}+a_{22}b_{11}$$

其中，在 $a>2m$ 的前提条件下，

$$a_{11}a_{22}-a_{12}a_{21}+a_{22}b_{11}=\frac{1}{(s^*)^2}(m-s^*)(m+s^*)>0$$

成立。

如果条件(B0) $a_{11}+b_{11}+a_{22}<0$ 和条件(B1) $a_{22}d_1+(a_{11}+b_{11}+a_{12}\beta)d_2<0$ 成立，则很容易得到

$$\lambda_1+\lambda_2<0,\lambda_1\lambda_2>0$$

表明对于任意 k，当 $\tau=0$ 时，扩散模型(4.3)的 E^* 是局部渐近稳定的。

设 $\lambda=i\omega\ (\omega>0)$ 是特征方程(4.19)的一个根，则 ω 满足下述方程：

$$-\omega^2+i[(d_1+d_2)k^2-(a_{11}+a_{22})]\omega+d_1d_2k^4-(a_{11}d_2+a_{22}d_1)+a_{11}a_{22}-ib_{11}\omega\cos\omega\tau-b_{11}\omega\sin\omega\tau-(a_{12}\beta+b_{11})d_2k^2\cos\omega\tau+i(a_{12}\beta+b_{11})d_2k^2\sin\omega\tau+(b_{11}a_{22}-a_{12}a_{21})\cos\omega\tau-i(b_{11}a_{22}-a_{12}a_{21})\sin\omega\tau=0\tag{4.21}$$

通过分离方程(4.21)的实部和虚部，可得

$$\begin{cases}(d_1+d_2)k^2\omega-(a_{11}+a_{22})\omega=b_{11}\omega\cos\omega\tau- \\ \qquad [(a_{12}\beta+b_{11})d_2k^2+a_{12}a_{21}-a_{22}b_{11}]\sin\omega\tau \\ d_1d_2k^4-(a_{11}d_2+a_{22}d_1)k^2+a_{11}a_{22}-\omega^2=b_{11}\omega\sin\omega\tau+ \\ \qquad [(a_{12}\beta+b_{11})d_2k^2+a_{12}a_{21}-a_{22}b_{11}]\cos\omega\tau\end{cases} \tag{4.22}$$

对方程(4.22)的两端分别平方后再相加，可得

$$\omega^4+P(k)\omega^2+Q(k)=0 \tag{4.23}$$

其中

$$P(k)=(d_1^2+d_2^2)k^4-2(a_{11}d_1+a_{22}d_2)k^2+a_{11}^2+a_{22}^2-b_{11}^2$$

$$Q_1(k)=d_1d_2k^4-(a_{11}d_2+a_{22}d_1)k^2+(a_{12}\beta+b_{11})d_2k^2+a_{11}a_{22}+a_{12}a_{21}-a_{22}b_{11}$$

$$Q_2(k)=d_1d_2k^4-[a_{22}d_1+(a_{11}+b_{11}+a_{12}\beta)d_2]k^2+a_{11}a_{22}-a_{12}a_{21}+a_{22}b_{11}$$

$$Q(k)=Q_1(k)Q_2(k)$$

这里，$a_{11}a_{22}+a_{12}a_{21}-a_{22}b_{11}=\dfrac{m[m^2+3(s^*)^2]}{(s^*)^2}>0$。故容易证明，对于任意的 k，满足 $Q_1(k)>0$。

将 $Z=\omega^2$ 代入方程(4.23)，可得

$$Z^2+P(k)Z+Q(k)=0,\ \forall k\in\mathbf{Z}^+ \tag{4.24}$$

由条件(B1)可知，对于任意的 k，$Q_2(k)>0$ 明显成立，但 $P(k)$ 的符号并不确定，故需要进行分类讨论。

引理 4.2　如果存在 $k_0\in\mathbf{N}=1,2,\cdots$，使得

(1)若条件(C5) $(d_1^2+d_2^2)k_0^4-2(a_{11}d_1+a_{22}d_2)k_0^2+a_{11}^2+a_{22}^2-b_{11}^2>0$ 成立，则特征方程(4.19)的所有根的实部均为负值。

(2)若条件(C6) $(d_1^2+d_2^2)k_0^4-2(a_{11}d_1+a_{22}d_2)k_0^2+a_{11}^2+a_{22}^2-b_{11}^2<0$ 成立，则特征方程(4.19)有一对纯虚根 $\pm\mathrm{i}\omega_{k_0,i}$，其中 $\omega_{k_0,i}=\sqrt{Z_{k_0,i}}$，$i=1,2$。

证明　设 $Z_{k,1}$ 和 $Z_{k,2}$ 是方程(4.24)的两个根，其中

$$Z_{k,1}=\frac{1}{2}\left\{-P(k)+\sqrt{[P(k)]^2-4Q(k)}\right\}$$

$$Z_{k,2}=\frac{1}{2}\left\{-P(k)-\sqrt{[P(k)]^2-4Q(k)}\right\}$$

且 $Z_{k,2}<Z_{k,1}$。根据以上分析，可得到对任意的 k，都有 $Q(k)>0$ 成立。

(1)当条件(C5)成立时，即在 $k=k_0$ 时 $P(k)>0$，可以推导出 $Z_{k_0,2}<Z_{k_0,1}<0$，进一步说明特征方程(4.19)没有纯虚根。结合方程(4.19)在 $\tau=0$ 的情况，所有根的实部均为负值，所以方程(4.19)的所有根都有负实部[7]。

(2)当条件(C6)成立时，对 $k=k_0$ 推导出 $P(k)<0$，进一步说明方程(4.24)有两个正根 $0<Z_{k_0,2}<Z_{k_0,1}$。因此，计算可得

$$\omega_{k_0,1}=\sqrt{Z_{k_0,1}}\,,\ \omega_{k_0,2}=\sqrt{Z_{k_0,2}}$$

则方程(4.19)有一对纯虚根 $\pm \mathrm{i}\omega_{k_0,i}$, $i=1,2$。

在引理 4.2 的条件下,通过求解方程组(4.22),可得

$$\cos\omega_{k_0,i}\tau=\frac{A_1 b_{11}\omega_{k_0,i}+B_1B_2}{b_{11}^2\omega_{k_0,i}+B_2^2}=C(\omega_{k_0,i})$$

$$\sin\omega_{k_0,i}\tau=\frac{-B_1 b_{11}\omega_{k_0,i}+A_1B_2}{b_{11}^2\omega_{k_0,i}^2+B_2^2}=S(\omega_{k_0,i})$$

其中

$$A_1=(d_1+d_2)k_0^2\omega_{k_0,i}-(a_{11}+a_{22})\omega_{k_0,i}$$
$$B_1=d_1d_2k_0^4-(a_{11}d_2+a_{22}d_1)k_0^2+a_{11}a_{22}-\omega_{k_0,i}$$
$$B_2=(a_{12}\beta+b_{11})d_2k_0^2+a_{12}a_{21}-b_{11}a_{22}$$

此外,根据上述两个式子计算 τ 的临界值,当 $i=1,2$, $j=0,1,2,\cdots$时,可得

$$\tau_{k_0,i}^j=\begin{cases}\dfrac{\arccos C(\omega_{k_0,i})+2j\pi}{\omega_{k_0,i}}, S(\omega_{k_0,i})\geqslant 0\\[2ex] \dfrac{2\pi-\arccos C(\omega_{k_0,i})+2j\pi}{\omega_{k_0,i}}, S(\omega_{k_0,i})<0\end{cases}\tag{4.25}$$

设$\lambda(\tau)=r(\tau)+\mathrm{i}\omega(\tau)$为特征方程(4.19)接近 $\tau_{k_0,i}^j$ 的根,满足 $r(\tau_{k_0,i}^j)=0$ 和 $\omega(\tau_{k_0,i}^j)=\omega_{k_0,i}$, $j=0,1,2,\cdots$。

引理 4.3 假设满足条件(C6),则横截性条件 $\mathrm{Re}\left(\dfrac{\mathrm{d}\lambda}{\mathrm{d}\tau}\Big|_{\tau=\tau_{k_0,1}^j}\right)>0$ 和 $\mathrm{Re}\left(\dfrac{\mathrm{d}\lambda}{\mathrm{d}\tau}\Big|_{\tau=\tau_{k_0,2}^j}\right)<0$ 成立。

证明 对特征方程(4.19)的两端关于 τ 求导,可得

$$\begin{aligned}&\mathrm{Re}\left(\frac{\mathrm{d}\lambda}{\mathrm{d}\tau}\Big|_{\tau=\tau_{k_0,i}^j}\right)^{-1}\\&=\mathrm{Re}\left\{\left[-\frac{2\lambda+(d_1+d_2)k^2-(a_{11}+a_{22})-b_{11}\mathrm{e}^{-\lambda\tau}}{[b_{11}\lambda+(a_{12}\beta+b_{11})d_2k^2+a_{12}a_{21}-b_{11}a_{22}]\lambda\mathrm{e}^{-\lambda\tau}}-\frac{\tau}{\lambda}\right]\Bigg|_{\tau=\tau_{k_0,i}^j}\right\}\\&=\frac{2\omega_{k_0,i}^2+(d_1^2+d_2^2)k_0^4-2(d_1a_{11}+d_2a_{22})k_0^2+a_{11}^2+a_{22}^2-b_{11}^2}{b_{11}^2\omega_{k_0,i}^2+[(a_{12}\beta+b_{11})d_2k_0^2+a_{12}a_{21}-b_{11}a_{22}]^2}\end{aligned}$$

显然,可以得到

$$\mathrm{Re}\left(\frac{\mathrm{d}\lambda}{\mathrm{d}\tau}\Big|_{\tau=\tau_{k_0,1}^j}\right)=\frac{\sqrt{P_{k_0,1}^2-4Q_{k_0,1}}}{b_{11}^2\omega_{k_0,1}^2+[(a_{12}\beta+b_{11})d_2k_0^2+a_{12}a_{21}-b_{11}a_{22}]^2}>0$$

那么

$$\mathrm{Re}\left(\frac{\mathrm{d}\lambda}{\mathrm{d}\tau}\bigg|_{\tau=\tau^{j}_{k_0,2}}\right)=\frac{-\sqrt{P^2_{k_0,1}-4Q_{k_0,1}}}{b^2_{11}\omega^2_{k_0,2}+[(a_{12}\beta+b_{11})d_2k^2_0+a_{12}a_{21}-b_{11}a_{22}]^2}<0$$

则引理 4.3 被证明。

根据上述引理 4.2 和引理 4.3,可以得到下面的定理 4.4。

定理 4.4 对于时滞扩散模型(4.3),得到以下结论:

(1)如果条件(B0)(B1)和(C5)都成立,当 $\tau\geqslant 0$ 时,则时滞扩散模型(4.3)在植被平衡点 E^* 处是局部渐近稳定的。

(2)如果条件(B0)(B1)和(C6)都成立,则时滞扩散模型(4.3)在植被平衡点 E^* 处可能会经历稳定性切换现象。

通过比较时滞模型和时滞扩散模型在 E^* 处的分岔行为,发现引入空间扩散能够维持稳定性切换现象。

对于重合平衡点 E_{**},特征方程(4.19)转变为

$$\Delta(k,\tau)=\lambda^2+[(d_1+d_2)k^2+m+2]\lambda+[d_1d_2k^4+(md_2+2d_1)k^2+2m]-[2m\lambda+(\beta+2m)d_2k^2+2m]\mathrm{e}^{-\lambda\tau}=0 \tag{4.26}$$

同时,可以证明 $\lambda=0$ 不是特征方程(4.26)的根。通过同样的方法,推导可得

$$\omega^4+P(k)\omega^2+Q(k)=0,\ \forall k\in\mathbf{Z}^+ \tag{4.27}$$

其中

$$P(k)=(d_1^2+d_2^2)k^4-2(md_1+2d_2)k^2-(3m^2-4)$$
$$Q_1(k)=d_1d_2k^4+2d_1k^2+(\beta+3m)d_2k^2+4m>0$$
$$Q_2(k)=d_1d_2k^4+[2d_1-(\beta+m)d_2]k^2$$
$$Q(k)=Q_1(k)Q_2(k)$$

显然,$P(k)$ 和 $Q_2(k)$ 的符号是不确定的。

同样地,设 $Z=\omega^2$,特征方程(4.27)转化为

$$Z^2+P(k)Z+Q(k)=0,\ \forall k\in\mathbf{Z}^+ \tag{4.28}$$

引理 4.4 如果存在 $k_0\in\mathbf{N}=1,2,\cdots$ 使得

$$\text{(C7)}\ d_1d_2k_0^4+[2d_1-(\beta+m)d_2]k_0^2<0$$

成立,则特征方程(4.26)有一对纯虚根 $\pm\mathrm{i}\omega_{k_0}$,其中 $\omega_{k_0}=\sqrt{Z_{k_0,1}}$。

证明 假设方程(4.28)有两个根 $Z_{k,1}$ 和 $Z_{k,2}$,即

$$Z_{k,1}=\frac{1}{2}\left\{-P(k)+\sqrt{[P(k)]^2-4Q(k)}\right\}$$

$$Z_{k,2}=\frac{1}{2}\left\{-P(k)-\sqrt{[P(k)]^2-4Q(k)}\right\}$$

如果条件(C7)成立,可以推导出对于 $\forall k \in \mathbf{Z}^{+}$,当 $Q_1(k_0)>0$ 时,有 $Q(k_0)<0$,然后可以得到当 $k=k_0$ 时,有 $Z_{k,1}>0>Z_{k,2}$。所以得到 $\omega_{k_0}=\sqrt{Z_{k_0,1}}>0$,说明特征方程(4.26)具有一对纯虚根 $\pm \mathrm{i}\omega_{k_0}$。

通过同样的计算过程,给出如下表达式:

$$\cos\omega_{k_0}\tau=\frac{A_1 b_{11}\omega_{k_0}+B_1 B_2}{b_{11}^2\omega_{k_0}^2+B_2^2}=C(\omega_{k_0})$$

$$\sin\omega_{k_0}\tau=-\frac{-B_1 b_{11}\omega_{k_0}+A_1 B_2}{b_{11}^2\omega_{k_0}^2+B_2^2}=S(\omega_{k_0})$$

其中

$$A_1=(d_1+d_2)k_0^2\omega_{k_0}+(m+2)\omega_{k_0}$$

$$B_1=d_1 d_2 k_0^4+(md_2+2d_1)k_0^2+2m-\omega_{k_0}^2$$

$$B_2=(\beta+2m)d_2 k_0^2+2m$$

而且,对 $j=0,1,2,\cdots$,由上述两个式子可计算出 τ 的临界值:

$$\tau_{k_0}^{j}=\begin{cases}\dfrac{\arccos C(\omega_{k_0})+2j\pi}{\omega_{k_0}}, & S(\omega_{k_0})\geqslant 0\\[2ex] \dfrac{2\pi-\arccos C(\omega_{k_0})+2j\pi}{\omega_{k_0}}, & S(\omega_{k_0})<0\end{cases} \tag{4.29}$$

通过相同的分析过程,可以得出以下结论。

引理 4.5 假设条件(C7)成立,则横截性条件 $\mathrm{Re}\left(\left.\dfrac{\mathrm{d}\lambda}{\mathrm{d}\tau}\right|_{\tau=\tau_{k_0}^{j}}\right)>0$。

定理 4.5 如果条件(C7)成立,则给出以下陈述:

(1)当 $0<\tau<\tau_{k_0}^{0}$ 时,时滞扩散模型(4.3)在重合平衡点 E_{**} 处是局部渐近稳定的,而当 $\tau>\tau_{k_0}^{0}$ 时,E_{**} 变得不稳定。

(2)当 $\tau=\tau_{k_0}^{j}$,$j=0,1,2,\cdots$ 时,时滞扩散模型(4.3)在重合平衡点 E_{**} 处经历了空间齐次的霍普夫分岔。

随着空间扩散的引入(即 $d_1\neq 0$, $d_2\neq 0$),不同于时滞模型(4.3)在 E_{**} 处的分岔结果,有趣的是,时滞扩散模型(4.3)发生了霍普夫分岔,而不是鞍结点分岔和鞍结点-霍普夫分岔,这表明空间扩散对时滞扩散模型(4.3)在 E_{**} 附近的分岔行为具有深刻影响。

4.1.4 数值模拟

通过对时滞扩散模型(4.3)在时间和空间上进行离散化处理,展开如下的数值模拟。在数值模拟过程中,假设取值范围为$[0,\pi]$,各边界处植被和土壤水分的扩散均为零。由于本研究主要关注时滞效应对动力学行为的影响,因此选择参数 τ 作为控制参数。在模拟过程中,展示了时滞模型和时滞扩散模型的动力学行为。

通过选取参数 $m=1.4$ 和 1.8,图 4.2 绘制了当 $\tau>\tau_0^0$ 时,时滞模型(4.3)的相平面图和时间序列图,其中图 4.2(a)和(b)中的圆点和封闭曲线分别表示重合平衡点 E_{**} 和稳定的极限环。并且,对图 4.2(a)和(c),取 $\tau=4.5$,$\tau_0^0=4.2650$,有 $\tau>\tau_0^0$;对图 4.2(b)和(d),取 $\tau=2.7$,$\tau_0^0=2.3657$ 时,同样有 $\tau>\tau_0^0$。结果表明从重合平衡点 E_{**} 中可以分岔出一组周期解。进一步分析发现,临界分岔值、振幅和周期随 a 和 m 的增大而减小,这表明降雨能力和自然死亡率的增加加速了植被生物量与土壤含水量在单位时间内的周期性振荡,进而导致了植被生物量的减少。此外,植被生物量随着时间的推移与土壤含水量呈负相关,并且略滞后于土壤含水量的变化,如图 4.2(c)和(d)所示。这一现象源于植被生物量与土壤水之间的吸收反馈机制,即植被为了生长需要吸收水分,从而导致土壤含水量下降。相应地,植被生物量也会相应下降,进而促进土壤含水量逐渐回升。整个过程随着时间的推移而反复循环,形成动态的反馈机制。

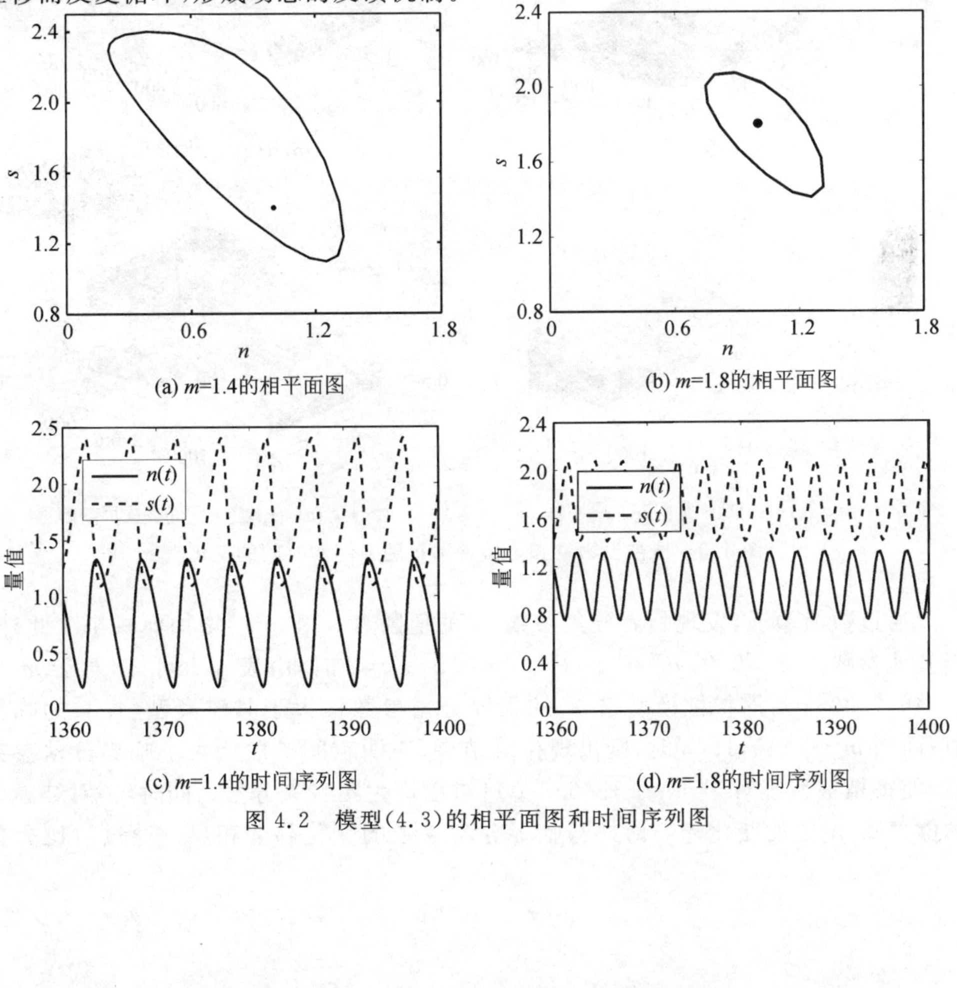

(a) m=1.4的相平面图　(b) m=1.8的相平面图

(c) m=1.4的时间序列图　(d) m=1.8的时间序列图

图 4.2　模型(4.3)的相平面图和时间序列图

图 4.3 主要探讨时滞和空间扩散共同作用对模型(4.3)的时空动力学行为的影响,特别是周期振荡模式。根据 $j=0$ 时临界分岔参数 τ 的表达式(4.29),选取参数

$$a=2.8,\ m=1.4,\ \beta=0.0,\ d_1=0.02,\ d_2=0.2$$

得到重合平衡 $E_{**}=(1,1.4)$ 和临界时滞 $\tau_2^0=4.0707$。当 $\tau<\tau_2^0$ 时,在图 4.3(a)和(b)的不同空间位置,植被生物量和土壤含水量最终趋于重合平衡点 E_{**},这意味着 E_{**} 是局部渐近稳定的。当 $\tau>\tau_2^0$ 时,E_{**} 变得不稳定,则时滞扩散模型(4.3)在 E_{**} 处生成了一组空间齐次周期解,即产生了周期振荡模式,见图 4.3(c)和(d)。这些结果表明,转化时滞的引入促进了植被生物量与土壤含水量之间相互作用的周期性波动,反映了影响植被生态系统发展的内在驱动力。

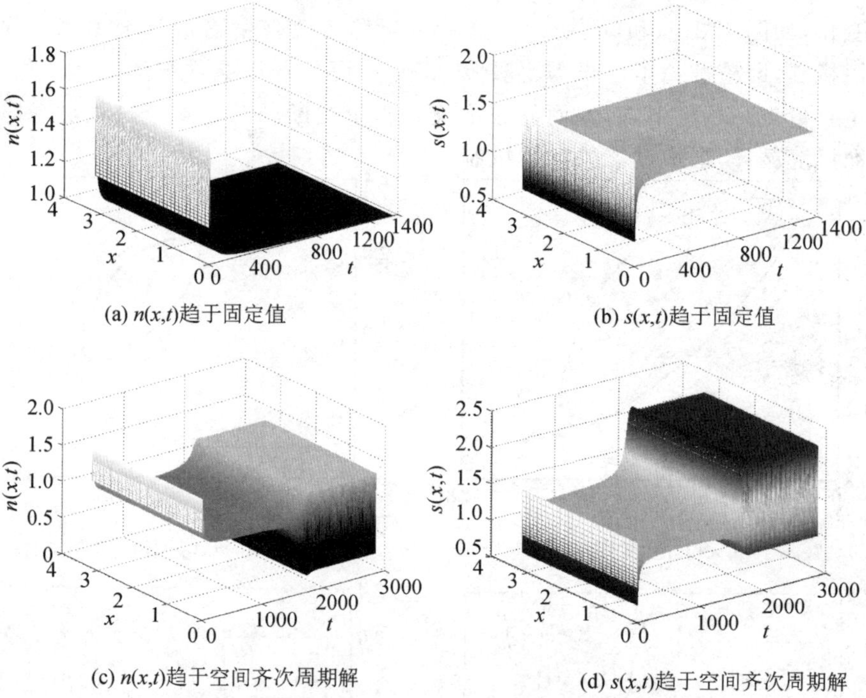

(a) $n(x,t)$趋于固定值　　(b) $s(x,t)$趋于固定值

(c) $n(x,t)$趋于空间齐次周期解　　(d) $s(x,t)$趋于空间齐次周期解

图 4.3　植被生物量和土壤含水量随空间和时间的变化

通过数值验证,发现临界分岔参数 τ_2^0 的值随着 a 和 m 的增加而减小。此外,当其他参数为 $\beta=0.0$, $d_1=0.02$, $d_2=0.2$, $k=2$ 时,由表 4.1 可知,对于 $m\in[1.46,2.00]$,时滞扩散模型(4.3)的临界分岔参数值大于时滞模型(4.3)的临界值;而当 $m=1.40,1.43$ 时,则出现相反结果,表明空间扩散增大了临界分岔参数值,使得植被系统对于 $m\in[1.46,2.00]$ 难以产生霍普夫分岔。同时,一对纯虚根的虚部随 m 值的变化趋势恰好与临界分岔参数的变化趋势相反。通过对比分析

时滞模型和时滞扩散模型(4.3),可以发现,分岔周期解的产生依赖于两个模型中转化时滞的变化。

表 4.1　时滞模型(4.3)和时滞扩散模型(4.3)的 ω_0、τ_0^0、ω_2 和 τ_2^0 的比较

序号	m	ω_0	τ_0^0	ω_2	τ_2^0
1	1.40	1.3711	4.2650	1.4055	4.0708
2	1.43	1.4611	3.9880	1.4570	3.9233
3	1.46	1.5475	3.7526	1.5095	3.7835
4	1.49	1.6310	3.5494	1.5630	3.6507
5	1.52	1.7121	3.3717	1.6173	3.5247
6	1.55	1.7909	3.2145	1.6725	3.4051
7	1.58	1.8679	3.0742	1.7285	3.2916
8	1.61	1.9433	2.9480	1.7852	3.1839
9	1.64	2.0171	2.8337	1.8426	3.0817
10	1.67	2.0897	2.7295	1.9006	2.9847
11	1.70	2.1610	2.6341	1.9591	2.8927
12	1.73	2.2313	2.5462	2.0181	2.8053
13	1.76	2.3006	2.4650	2.0775	2.7223
14	1.79	2.3690	2.3897	2.1373	2.6435
15	1.82	2.4366	2.3195	2.1974	2.5687
16	1.85	2.5035	2.2540	2.2578	2.4975
17	1.88	2.5697	2.1926	2.3184	2.4299
18	1.91	2.6352	2.1350	2.3791	2.3655
19	1.94	2.7001	2.0807	2.4400	2.3042
20	1.97	2.7645	2.0295	2.5010	2.2460
21	2.00	2.8284	1.9811	2.5620	2.1903

目前对植被系统的研究主要集中在利用斑图形成理论分析生态系统中产生的各种植被斑图结构,这类研究探讨的是均匀稳态解的失稳现象。与此不同,本节从一个新的角度研究植被系统的失稳特征,特别是植被系统的周期振荡行为。植被的时空变化表现出空间同质性和时间周期振荡性,这在很大程度上依赖于转化时滞的值。同时,其他参数也会影响周期振荡的幅度及转化时滞的临界值。此外,数值模拟结果具有新颖性,模型会生成一族空间异质的周期解。在这些解中,空间区

域内的植被生物量和土壤含水量的变化呈负相关，这与文献[8]所观测到的现象相一致。这些结果进一步验证了模型的有效性，并为研究植被系统的动力学行为提供了新的诠释。

4.2 具有渗透时滞的广义克劳斯迈尔-格雷-斯科特模型的周期振荡模式

1999 年 Klausmeier 提出了一个包含植被生物量与土壤含水量相互作用的两变量动力学模型，来研究半干旱生态系统中山坡上的规则带状斑图和平地上的不规则斑图的形成机制[5]。考虑到上述模型忽略了土壤中水分的随机扩散效应，Stelt 等将拉普拉斯算子引入计算土壤含水量的方程中，从而形成了广义克劳斯迈尔-格雷-斯科特(Klausmeier-Gray-Scott)模型[9]。在本节中，通过考虑平坦地形，建立如下模型：

$$\begin{cases}\dfrac{\partial v}{\partial t}=d_v\,\nabla^2 v-k_4 v+k_5 uv^2\\[2ex]\dfrac{\partial u}{\partial t}=d_u\,\nabla^2 u+k_1-k_2 u-k_3 k_5 uv^2\end{cases}\tag{4.30}$$

其中，$v(x,t)$ 和 $u(x,t)$ 分别表示在 x 位置和 t 时刻的植被生物量和土壤含水量；d_v 和 d_u 分别表示植被和水的扩散率系数；k_4 表示植被的死亡率；k_1 表示自然环境条件下的降水率；k_2 表示水的蒸发率；k_3k_5 表示植被对水的渗透反馈率。

Von Hardenberg 等研究了一个具有饱和吸水效应的植被-水模型，发现植被系统在半干旱斜坡地形上沿降水梯度依次经历了裸地态、不连续带状斑图、带状斑图到均匀植被态的过程[10]。他们进一步指出，在大的降雨范围内，存在多种植被状态共存的现象。Meron 等发现，在有限水资源条件下，随着降水量的增加，植被系统从裸地态转变为均匀植被态，并在中间过程中经历了点状、条状和带状斑图模式[11]。Bonachela 等则得出结论，在存在白蚁丘的干旱区，植被能够在降水量显著减少的情况下继续生长，白蚁丘的存在降低了生态系统脱离沙漠化状态所需的临界降水量[12]。此外，近年来也有其他关于降水量变化对植被系统影响的研究。

4.2.1 模型建立

植被吸收的水分首先来自降水渗入土壤中形成的土壤水。因此，将渗透时滞项引入植被方程，可得出以下模型[13]：

$$\begin{cases}\dfrac{\partial v}{\partial t}=d_v\,\nabla^2 v-k_4 v+k_5 u(t-\tau)v(t-\tau)v\\[2ex]\dfrac{\partial u}{\partial t}=d_u\,\nabla^2 u+k_1-k_2 u-k_3 k_5 uv^2\end{cases}\tag{4.31}$$

目前，大多数植被-水模型主要关注降水量对植被斑图的影响，尤其是不同斑图结构之间的相变。除极端天气外，某些地区的降水量基本保持稳定。此外，在这种背景下，植被死亡率的变化对植被系统可持续发展的影响尤为重要。基于上述两个因素，选择入渗时滞和植被死亡率作为关键参数，来研究这两个参数和空间因素如何共同影响模型的动力学行为。

4.2.2　常数稳态解的存在性

令

$$V=\sqrt{\frac{k_3k_5}{k_2}}v,\ U=\sqrt{\frac{k_5}{k_2k_3}}u,\ T=k_2t,\ \bar{\tau}=k_2\tau \tag{4.32}$$

为了简化记号，仍用 t 和 τ 表示 T 和 $\bar{\tau}$，通过无量纲化处理，并考虑诺伊曼边界条件，则模型(4.31)转化为

$$\begin{cases}\dfrac{\partial V}{\partial t}=D_1\nabla^2V-MV+U(t-\tau)V(t-\tau)V\\ \dfrac{\partial U}{\partial t}=D_2\nabla^2U+A-U-UV^2,x\in(0,\pi),t\geqslant 0\\ \dfrac{\partial V(x,t)}{\partial \boldsymbol{n}}=\dfrac{\partial U(x,t)}{\partial \boldsymbol{n}}=0,t\geqslant 0\end{cases} \tag{4.33}$$

其中

$$D_1=\frac{d_v}{k_2},\ M=\frac{k_4}{k_2},\ D_2=\frac{d_u}{k_2},\ A=\frac{k_1}{k_2}\sqrt{\frac{k_5}{k_2k_3}}$$

这里，$\boldsymbol{n}$ 是外法向量。$V_0(x,t)$ 和 $U_0(x,t)$ 分别表示植被生物量和土壤含水量在 $[-\tau,0]$ 上的初始值，则模型(4.33)的初始条件为

$$V(x,t)=V_0(x,t)\geqslant 0,\ U(x,t)=U_0(x,t)\geqslant 0,\ x\in[0,\pi],\ t\in[-\tau,0]$$

为了后续讨论方便，规定：

(1)当 $D_1=0,D_2=0,\tau\neq 0$ 时，将模型(4.33)称为时滞模型。

(2)当 $D_1\neq 0,D_2\neq 0,\tau=0$ 时，将模型(4.33)称为扩散模型。

(3)当 $D_1\neq 0,D_2\neq 0,\tau\neq 0$ 时，将模型(4.33)称为时滞扩散模型。

当模型(4.33)不考虑空间扩散和时滞效应(即 $D_1=0,D_2=0,\tau=0$)时，可转化为如下的常微分方程模型：

$$\begin{cases}\dfrac{\mathrm{d}V}{\mathrm{d}t}=-MV+UV^2\\ \dfrac{\mathrm{d}U}{\mathrm{d}t}=A-U-UV^2\end{cases} \tag{4.34}$$

观察看到上述模型(4.34)的右端项为关于 U、V 的函数，于是记为

$$\begin{cases}F(V,U)=-MV+UV^2\\ G(V,U)=A-U-UV^2\end{cases}$$

通过求解模型(4.34)的平衡点,发现裸地态平衡点 $E_0=(0,A)$ 始终存在,并且当 $A>2M$ 时,存在两个植被平衡点 $E_1=(V_1,U_1)$ 和 $E_2=(V_2,U_2)$,其中

$$V_1=\frac{2M}{A+\sqrt{A^2-4M^2}}$$

$$U_1=\frac{A+\sqrt{A^2-4M^2}}{2}$$

$$V_2=\frac{2M}{A-\sqrt{A^2-4M^2}}$$

$$U_2=\frac{A-\sqrt{A^2-4M^2}}{2}$$

此外,当 $A=2M$ 时,E_1 与 E_2 重合形成新的植被平衡点 $E_*=(1,M)$。注意到这些平衡点是模型(4.33)的常数稳态解。

图 4.4(a)至(c)展示了由零斜率线 $F(V,U)=0$(虚线)和 $G(V,U)=0$(实线)相交所得交点(即平衡点)数量的变化情况,其中 $-MV+UV^2=0$ 可分解为两个方程 $UV-M=0$ 和 $V=0$。进一步观察到在 U-V 参数平面上存在一个平衡点 $(0,A)$。同时,当参数 $A=2.4$ 时,随着植被死亡率 M 从 1.1 增加到 1.3,正平衡点的数量从两个变为一个,最后变为零。U 和 V 的相图随参数 M 的变化如图 4.4(d)至(f)所示。从图 4.4(d)可以看出,从任意初始值开始的轨迹线趋向于 E_0 或 E_2,这表明在模型(4.34)中也存在不稳定的平衡点 E_1。在图 4.4(e)中,从任意点开始的轨迹线趋向于 E_0 或 E_*,这表明模型(4.34)有两个稳定的平衡点。在图 4.4(f)中,从任意一点出发的轨迹线最终都趋向于 E_0。

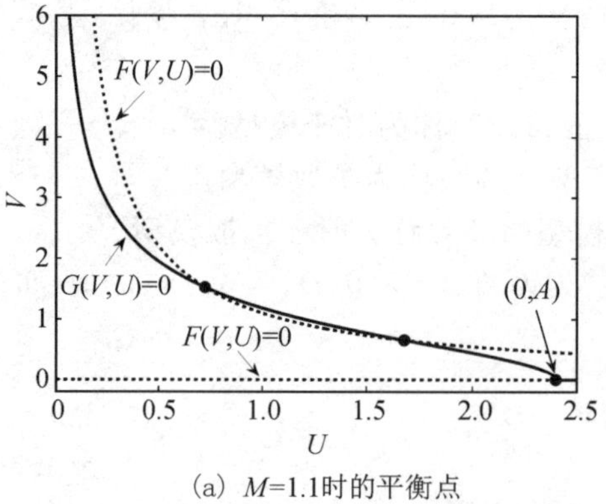

(a) M=1.1时的平衡点

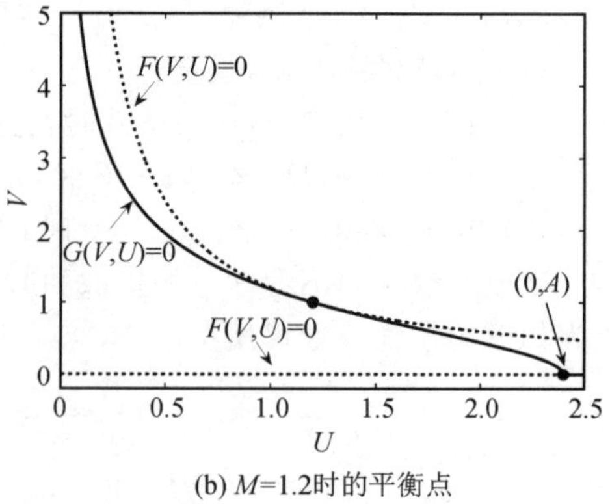

(b) M=1.2时的平衡点

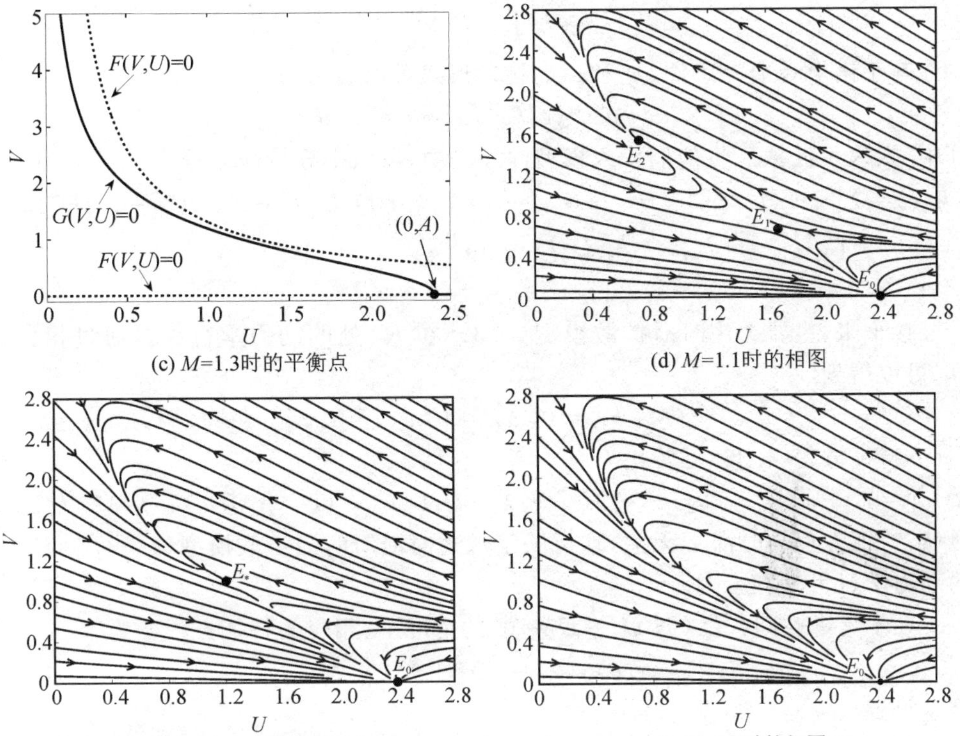

(c) M=1.3时的平衡点　(d) M=1.1时的相图
(e) M=1.2时的相图　(f) M=1.3时的相图

图 4.4　平衡点个数及相图变化

4.2.3　裸地态平衡点 E_0 的稳定性

为了便于后续计算，将平衡点 E_0、E_*、E_2、E_1 统一表示为 $E^*=(V^*,U^*)$ 的形式。先将平衡点 E_* 平移到原点，即令 $V=V^*+v$，$U=U^*+u$，再将其代入时滞扩散模型(4.33)中，得到相应的微扰模型。进一步，通过对微扰模型进行泰勒级数展开并去除高阶非线性项，可以得到以下线性模型：

$$\begin{cases}\dfrac{\partial v}{\partial t}=D_1\nabla^2 v+a_{11}v+b_{11}v(t-\tau)+a_{12}u(t-\tau)\\ \dfrac{\partial u}{\partial t}=D_2\nabla^2 u+a_{21}v+a_{22}u\end{cases}\tag{4.35}$$

其中，令 $F_1[V,V(t-\tau),U(t-\tau)]=-MV+U(t-\tau)V(t-\tau)V$，则可得

$$a_{11}=\left.\frac{\partial F_1}{\partial V}\right|_{E^*}=U^*V^*-M,\ b_{11}=\left.\frac{\partial F_1}{\partial V(t-\tau)}\right|_{E^*}=U^*V^*$$

$$a_{12}=\left.\frac{\partial F_1}{\partial U(t-\tau)}\right|_{E^*}=(V^*)^2,\ a_{21}=\left.\frac{\partial G}{\partial V}\right|_{E^*}=-2U^*V^*$$

$$a_{22}=\frac{\partial G}{\partial U}\bigg|_{E^*}=-(V^*)^2-1$$

基于诺伊曼边界条件，v 和 u 的扰动形式可以表示为

$$v=v^0\mathrm{e}^{\lambda t}\cos kx\,,\ u=u^0\mathrm{e}^{\lambda t}\cos kx$$

其中，k 表示波数。将他们代入模型(4.35)中，可以推导特征方程为

$$\begin{aligned}\Delta(k,\tau)=&\lambda^2+[(D_1+D_2)k^2-(a_{11}+a_{22})]\lambda+D_1D_2k^4-(a_{22}D_1+a_{11}D_2)k^2+\\&a_{11}a_{22}+(-b_{11}\lambda-b_{11}D_2k^2+b_{11}a_{22}-a_{12}a_{21})\mathrm{e}^{-\lambda\tau}\\=&0\end{aligned}\tag{4.36}$$

接下来，主要关注时滞扩散模型(4.33)在 E_0 处的动力学行为。通过相关计算，可以得到

$$a_{11}=-M,\ b_{11}=0,\ a_{12}=0,\ a_{21}=0,\ a_{22}=-1$$

因此，特征方程(4.36)可转化为

$$\Delta(k)=\lambda^2+[(D_1+D_2)k^2+M+1]\lambda+D_1D_2k^4+(D_1+MD_2)k^2+M\tag{4.37}$$

显然，特征方程与时滞 τ 无关，这反映了渗透时滞对时滞扩散模型(4.33)在 E_0 处的动力学行为没有影响。

在不考虑空间扩散(即 $D_1=D_2=0$)的情况下，相应的特征方程变为

$$\Delta(0)=\lambda^2+(M+1)\lambda+M\tag{4.38}$$

容易得到

$$\lambda_1=-M,\ \lambda_2=-1$$

是两个特征根，这表明时滞模型(4.33)在 E_0 处是局部渐近稳定的。

对于特征方程(4.37)，可以得出特征根为

$$\lambda_1=-(D_1k^2+M)\,,\ \lambda_2=-(D_2k^2+1)$$

显然，对任意的 k 都有 $\lambda_1<0$ 和 $\lambda_2<0$，所以时滞扩散模型(4.33)在 E_0 处是局部渐近稳定的。这些结果表明，渗透时滞、空间扩散和植被死亡率因素并不影响 E_0 的局部稳定性，植被系统在不利干扰下更可能退化为裸地态。

4.2.4 重合平衡点 E_* 的动力学行为

根据特征方程(4.36)，可以具体计算出重合平衡点 E_* 对应的系数：

$$a_{11}=0,\ b_{11}=M,\ a_{12}=1,\ a_{21}=-2M,\ a_{22}=-2$$

则可得到时滞扩散模型(4.33)在 E_* 处的特征方程：

$$\Delta(k,\tau)=\lambda^2+[(D_1+D_2)k^2+2]\lambda+D_1D_2k^4+2D_1k^2-(M\lambda+MD_2k^2)\mathrm{e}^{-\lambda\tau}=0\tag{4.39}$$

接下来，分别讨论时滞模型(4.33)和时滞扩散模型(4.33)在 E_* 处的动力学行为。

情形 1:时滞模型(4.33)在 E_* 处的动力学行为

当模型(4.33)不考虑时滞和空间扩散效应(即 $D_1=D_2=0,\tau=0$)时,对应的特征方程转化为

$$\Delta(0,0)=\lambda(\lambda-M+2) \tag{4.40}$$

显然,$\lambda_1=0$,$\lambda_2=M-2$ 是两个特征根。如果条件(H1) $M\neq 2$ 成立,则 $\lambda_2\neq 0$,这表明模型(4.34)在 E_* 处发生了鞍结点分岔。

时滞模型(4.33)在 E_* 处对应的特征方程为

$$\Delta(0,\tau)=\lambda(\lambda+2-Me^{-\lambda\tau})=0 \tag{4.41}$$

显然,其中一个特征根为 $\lambda_1=0$。接下来,分析满足下式的其他特征根:

$$\Delta_1(0,\tau)=\lambda+2-Me^{-\lambda\tau}=0 \tag{4.42}$$

通过将 $\lambda=i\omega(\omega>0)$ 代入上述方程,可得

$$i\omega+2-M\cos\omega\tau+iM\sin\omega\tau=0$$

通过分离上述方程的实部和虚部,可得

$$\begin{cases}2=M\cos\omega\tau\\ \omega=-M\sin\omega\tau\end{cases} \tag{4.43}$$

将方程组(4.43)的两端分别平方后再相加,得到 $\omega^2=M^2-4$。这里考虑两种不同的情形:

(1)如果条件(H2) $M<2$ 成立,则 ω 没有正根,即特征方程不存在一对实部为零的纯虚根。因此,除了 $\lambda=0$,对于 $\tau\geqslant 0$,特征方程(4.42)的所有根的实部均为负值。

(2)如果条件(H3) $M>2$ 成立,则 ω 有唯一的正根 $\omega_*=\sqrt{M^2-4}$,这表示 $\Delta_1(0,\tau)=0$ 有一对纯虚根 $\pm i\omega_*$[7]。根据方程组(4.43)的第二个方程,知 $\sin\omega_*\tau<0$,则渗透时滞的临界值为

$$\tau_*^j=\frac{2\pi-\arccos\dfrac{2}{M}+2j\pi}{\omega_*},\ j=0,1,2,\cdots \tag{4.44}$$

然后,设 $\lambda(\tau)=r(\tau)+i\omega(\tau)$ 为方程 $\Delta_1(0,\tau)=0$ 在 τ_*^j 附近的特征根,对于 $j=0,1,2,\cdots$ 满足 $r(\tau_*^j)=0$ 和 $\omega(\tau_*^j)=\omega_*$。

对特征方程 $\Delta_1(0,\tau)=0$ 的两端关于 τ 进行求导,并整理后可得

$$\mathrm{Re}\left(\frac{d\lambda}{d\tau}\bigg|_{\tau=\tau_*^j}\right)^{-1}=\mathrm{Re}\left\{\frac{1+M\tau e^{-\lambda\tau}}{-M\lambda e^{-\lambda\tau}}\bigg|_{\tau=\tau_*^j}\right\}=\frac{\sin\omega_*\tau_*^j}{-M\omega_*}=\frac{1}{M^2}$$

则可推导出横截性条件

$$\mathrm{Re}\left(\frac{d\lambda}{d\tau}\bigg|_{\tau=\tau_*^j}\right)>0$$

这意味着时滞模型(4.33)只能在 E_* 处产生鞍结点分岔,而不能产生鞍结点-霍普

夫分岔[14-15]。

综上所述，得到以下结论。

定理 4.6 如果条件(H1)成立，当 $A=2M$ 且 $\tau\geqslant 0$ 时，时滞模型在重合平衡点 E_* 处经历了鞍结点分岔。

显然，定理 4.6 表明植被在上述条件下将趋于灭绝，最终形成裸地态，这对生态系统而言是一个不利的现象。

情形 2：时滞扩散模型(4.33)在 E_* 处的动力学行为

首先，根据扩散模型(4.33)对应于特征方程(4.36)中 $\tau=0$ 的情况，可得

$$\Delta(k,0)=\lambda^2+[(D_1+D_2)k^2+2-M]\lambda+D_1D_2k^4+(2D_1-MD_2)k^2=0 \tag{4.45}$$

假定 $\lambda=0$ 是方程(4.45)的一个特征根，很明显可以观察到 $(D_1D_2k^2+2D_1-MD_2)k^2=0$ 不成立，因此当 $k\neq 0$ 时，$\lambda=0$ 不是方程(4.45)的根。假设 λ_1 和 λ_2 是方程(4.45)的两个特征根，则

$$\lambda_1+\lambda_2=-[(D_1+D_2)k^2+2-M]$$
$$\lambda_1\lambda_2=D_1D_2k^4+(2D_1-MD_2)k^2$$

如果条件(H4) $2D_1-MD_2>0$ 成立，则可以得到 $\lambda_1\lambda_2>0$。通过进一步分析，考虑两种不同的情形：

(1)如果条件(H2) $M<2$ 成立，则 $\lambda_1+\lambda_2<0$。

(2)如果条件(H3) $M>2$ 和(H5) $D_1+D_2+2-M>0$ 成立，则可以得出对于任意的 k，都有 $\lambda_1+\lambda_2<0$。

因此，如果条件(H4)成立，并与情形(1)中的条件(H2)或情形(2)中的条件(H3)和(H5)结合，则扩散模型(4.33)在 E_* 处是局部渐近稳定的。

接下来，分析时滞扩散模型(4.33)的动力学行为。与情形 1 中的分析类似，假设 $\lambda=\mathrm{i}\omega(\omega>0)$ 是方程(4.39)的特征根，然后将其代入方程(4.39)中，并分离其实部和虚部，可得

$$\begin{cases}[(D_1+D_2)k^2+2]\omega=M\omega\cos\omega\tau-MD_2k^2\sin\omega\tau\\ D_1D_2k^4+2D_1k^2-\omega^2=MD_2k^2\cos\omega\tau+M\omega\sin\omega\tau\end{cases} \tag{4.46}$$

将方程组(4.46)两边平方后再相加，可得

$$\omega^4+p(k)\omega^2+q(k)=0 \tag{4.47}$$

其中

$$p(k)=(D_1^2+D_2^2)k^4+4D_2k^2+4-M^2$$
$$q_1(k)=D_1D_2k^4+(2D_1+MD_2)k^2$$
$$q_2(k)=D_1D_2k^4+(2D_1-MD_2)k^2$$
$$q(k)=q_1(k)q_2(k)$$

设 $z=\omega^2>0$，则方程(4.47)可转化为

$$z^2+p(k)z+q(k)=0 \tag{4.48}$$

令 z_{k1} 和 z_{k2} 是上述方程的两个根，可得

$$z_{k1}=\frac{-p(k)-\sqrt{p^2(k)-4q(k)}}{2}$$

$$z_{k2}=\frac{-p(k)+\sqrt{p^2(k)-4q(k)}}{2}$$

显然，对于任意的 k，表达式 $q_1(k)>0$ 都成立。条件(H4)决定了 $q_2(k)>0$，这表明表达式 $q(k)>0$ 对任意的 k 都成立。$p(k)$ 的符号需要分为两种情形进行分析：

(1)当条件(H2)成立时，对任意的 k 都能得到 $p(k)>0$。如果条件(H6) $p^2(k)-4q(k)\geqslant 0$ 对任意的 k 都成立，则可以得到 $z_{k1}\leqslant z_{k2}<0$，这意味着特征方程(4.39)没有纯虚根。因此，可以得出时滞扩散模型(4.33)在 E_* 处是局部渐近稳定的。

(2)当条件(H3)和(H5)成立时，如果存在 k_0 满足条件(H7) $p(k_0)<0$ 和 $p^2(k_0)-4q(k_0)>0$，则可以得到 $0<z_{k_01}<z_{k_02}$，这表明特征方程(4.39)有一对纯虚根 $\pm \mathrm{i}\omega_i$，其中 $\omega_i=\sqrt{z_{k_0i}}\ (i=1,2)$。

根据方程组(4.46)，对于 $i=1,2$，可以求解出

$$\begin{aligned}\cos\omega_i\tau&=\frac{D_1D_2^2k_0^6+2D_1D_2k_0^4+D_1k_0^2\omega_i^2+2\omega_i^2}{M(\omega_i^2+D_2^2k_0^4)}=C_1(\omega_i)\\ \sin\omega_i\tau&=\frac{\omega_i(-D_2^2k_0^4+2D_1k_0^2-2D_2k_0^2-\omega_i^2)}{M(\omega_i^2+D_2^2k_0^4)}=S_1(\omega_i)\end{aligned} \tag{4.49}$$

根据上式，对于 $i=1,2,j=0,1,2,\cdots$，可以计算出

$$\tau_{ij}=\begin{cases}\dfrac{\arccos C_1(\omega_i)+2j\pi}{\omega_i},S_1(\omega_i)\geqslant 0\\[2ex] \dfrac{2\pi-\arccos C_1(\omega_i)+2j\pi}{\omega_i},S_1(\omega_i)<0\end{cases} \tag{4.50}$$

假设 $\lambda(\tau)=r(\tau)+\mathrm{i}\omega(\tau)$ 是特征方程(4.39)在 τ_{ij} 附近的特征根，则有 $r(\tau_{ij})=0$ 和 $\omega(\tau_{ij})=0$ 成立，其中 $i=1,2,\ j=0,1,2,\cdots$。

引理 4.6　假设满足条件(H3)(H5)和(H7)，那么可得以下的横截性条件成立：

$$\mathrm{Re}\left(\frac{\mathrm{d}\lambda}{\mathrm{d}\tau}\bigg|_{\tau=\tau_{1j}}\right)>0 \text{ 和 } \mathrm{Re}\left(\frac{\mathrm{d}\lambda}{\mathrm{d}\tau}\bigg|_{\tau=\tau_{2j}}\right)<0,j=0,1,2,\cdots$$

证明　对特征方程(4.39)的两边关于 τ 求导，可得

$$\begin{aligned}\mathrm{Re}\left(\frac{\mathrm{d}\lambda}{\mathrm{d}\tau}\bigg|_{\tau=\tau_{ij}}\right)^{-1}&=\mathrm{Re}\left\{\left[-\frac{2\lambda+(D_1+D_2)k^2+2-M\mathrm{e}^{-\lambda\tau}}{M(\lambda+D_2k^2)\lambda\mathrm{e}^{-\lambda\tau}}-\frac{\tau}{\lambda}\right]\bigg|_{\tau=\tau_{ij}}\right\}\\ &=\frac{2\omega_i^2+p(k_0)}{M^2(\omega_i^2+D_2^2k_0^4)},\ i=1,2,j=0,1,2,\cdots\end{aligned}$$

显然,可以推导出

$$\mathrm{Re}\left(\frac{\mathrm{d}\lambda}{\mathrm{d}\tau}\bigg|_{\tau=\tau_{1j}}\right)^{-1}=\frac{\sqrt{p^2(k_0)-4q(k_0)}}{M^2(\omega_1^2+D_2^2k_0^4)}>0$$

$$\mathrm{Re}\left(\frac{\mathrm{d}\lambda}{\mathrm{d}\tau}\bigg|_{\tau=\tau_{2j}}\right)^{-1}=-\frac{\sqrt{p^2(k_0)-4q(k_0)}}{M^2(\omega_2^2+D_2^2k_0^4)}<0$$

则横截性条件成立。

为了进一步分析时滞扩散模型(4.33)是否发生稳定性切换现象,需要给出 τ_{10} 和 τ_{20} 之间的大小关系。根据 τ_{ij} 的表达式(4.50),讨论以下两种情形。

情形 1: 当 $S_1(\omega_i)\geqslant 0$, $\tau_{i0}=\dfrac{\arccos C_1(\omega_i)}{\omega_i}$ 时,设函数

$$W_1(\omega)=\frac{1}{\omega}g_1(\omega)$$

其中,$g_1(\omega)=\arccos C_1(\omega)\in[0,\pi]$,显然 $g_1(\omega)\geqslant 0$。鉴于 $g_1(\omega)=0$ 很少存在,这里认为 $g_1(\omega)>0$。

通过对 $C_1(\omega)$ 关于 ω 求导,可以得到

$$\frac{\mathrm{d}C_1(\omega)}{\mathrm{d}\omega}=\frac{4D_2k^4\omega(D_2-D_1)}{M(D_2^2k^4+\omega^2)^2}$$

根据条件(H3)(H4)和(H5),可以得出 $D_1>\dfrac{M}{2}D_2>D_2$,因此 $\dfrac{\mathrm{d}C_1(\omega)}{\mathrm{d}\omega}<0$,这表明 $C_1(\omega)$ 是关于 ω 的单调递减函数。

通过进一步分析,可以得到

$$\frac{\mathrm{d}g_1(\omega)}{\mathrm{d}\omega}=-\frac{1}{\sqrt{1-C_1^2(\omega)}}\cdot\frac{\mathrm{d}C_1(\omega)}{\mathrm{d}\omega}>0$$

这表明 $g_1(\omega)$ 是关于 ω 的增函数。通过对 $W_1(\omega)$ 关于 ω 求导数,可得

$$\frac{\mathrm{d}W_1(\omega)}{\mathrm{d}\omega}=\frac{1}{\omega}\cdot\frac{\mathrm{d}g_1(\omega)}{\mathrm{d}\omega}-\frac{g_1(\omega)}{\omega^2}$$

显然,$\dfrac{\mathrm{d}W_1(\omega)}{\mathrm{d}\omega}$ 的符号不确定。因此,当 $\omega_1>\omega_2$ 时,不能得出 $\tau_{10}<\tau_{20}$,这不符合常规结果。这样的结果表明,时滞扩散模型(4.33)在重合平衡点 E_* 处产生了稳定性切换的理论错误。

情形 2: 当 $S_1(\omega_i)<0$, $\tau_{i0}=\dfrac{2\pi-\arccos C_1(\omega_i)}{\omega_i}$ 时,设函数

$$W_2(\omega)=\frac{1}{\omega}g_2(\omega)$$

其中,$g_2(\omega)=2\pi-\arccos C_1(\omega)$,与情形 1 的分析过程类似,可以得出 $\dfrac{\mathrm{d}g_2(\omega)}{\mathrm{d}\omega}<0$,

容易获得 $\frac{dW_2(\omega)}{d\omega}<0$，则 $W_2(\omega)$ 是关于 ω 的减函数。因此，当 $\omega_1>\omega_2$ 时，可以得到 $\tau_{10}<\tau_{20}$，这与常规结果一致。

定理 4.7　如果条件(H2)和(H6)成立，则时滞扩散模型(4.33)在重合平衡点 E_* 处是局部渐近稳定的。

从定理 4.7 可以得出，引入空间扩散因素可以提高植被系统的鲁棒性。

4.2.5　植被平衡点 E_2 的动力学行为

在植被平衡点 E_2 处，系数转化为

$$a_{11}=0,\ b_{11}=M,\ a_{12}=V_2^2,\ a_{21}=-2M,\ a_{22}=-(V_2^2+1)$$

则时滞扩散模型(4.33)在 E_2 处的特征方程为

$$\begin{aligned}\Delta(k,\tau)&=\lambda^2+[(D_1+D_2)k^2+V_2^2+1]\lambda+D_1D_2k^4+(V_2^2+1)D_1k^2+\\&\quad[-M\lambda-MD_2k^2+M(V_2^2-1)]\mathrm{e}^{-\lambda\tau}\\&=0\end{aligned}\tag{4.51}$$

因此，选择渗透时滞 τ 作为控制参数。

情况 1：时滞模型(4.33)在 E_2 处的动力学行为

首先，考虑 $D_1=D_2=0$，$\tau=0$ 的情况，则方程(4.51)被转换为

$$\Delta(0,0)=\lambda^2+(V_2^2+1-M)\lambda+M(V_2^2-1)=0\tag{4.52}$$

假设 λ_1 和 λ_2 是方程(4.52)的特征根，则

$$\lambda_1+\lambda_2=-(V_2^2+1-M),\ \lambda_1\lambda_2=M(V_2^2-1)\tag{4.53}$$

通过一些简单的计算，容易得到 $V_2>1$，因此 $\lambda_1\lambda_2>0$。然而，$\lambda_1+\lambda_2$ 的符号很难确定。如果条件

$$\text{(H8)}\ V_2^2+1-M>0$$

则可以得到表达式 $\lambda_1+\lambda_2<0$。因此，时滞模型(4.33)在植被平衡点 E_2 处是局部渐近稳定的。

当 $D_1=D_2=0$，$\tau\neq0$ 时，特征方程(4.51)转化为

$$\Delta(0,\tau)=\lambda^2+(V_2^2+1)\lambda+M(-\lambda+V_2^2-1)\mathrm{e}^{-\lambda\tau}=0\tag{4.54}$$

为了找到霍普夫分岔存在的条件，将 $\lambda=\mathrm{i}\omega\ (\omega>0)$ 代入特征方程(4.51)，并分离其实部和虚部，可得到

$$\begin{cases}-\omega^2=M\omega\sin\omega\tau-M(V_2^2-1)\cos\omega\tau\\(V_2^2+1)\omega=M\omega\cos\omega\tau+M(V_2^2-1)\sin\omega\tau\end{cases}\tag{4.55}$$

对上述两个方程左右两端分别平方后再相加，可得到

$$\omega^4+a_1\omega^2+a_0=0$$

令 $z=\omega^2$，推导出

$$z^2 + a_1 z + a_0 = 0 \tag{4.56}$$

其中

$$a_1 = (V_2^2 + 1)^2 - M^2,\ a_0 = -M^2(V_2^2 - 1)^2 < 0$$

系数 a_1 可以分解为两个因子表达式，即

$$a_1 = (V_2^2 + 1 - M)(V_2^2 + 1 + M)$$

基于条件(H8)容易得到 $a_1 > 0$。因此，方程(4.56)有两个实根，即

$$z_1 = \frac{-a_1 + \sqrt{a_1^2 - 4a_0}}{2},\ z_2 = \frac{-a_1 - \sqrt{a_1^2 - 4a_0}}{2}$$

并且 $z_1 > 0 > z_2$，这表明特征方程(4.51)有一对纯虚根 $\pm \mathrm{i}\omega_0$，其中 $\omega_0 = \sqrt{z_1}$。

根据方程组(4.55)，可以求解出

$$\begin{aligned} \cos\omega_0\tau &= -\frac{2V_2^2\omega_0^2}{M(V_2^4 - 2V_2^2 + \omega_0^2 + 1)} = C_2(\omega_0) \\ \sin\omega_0\tau &= \frac{\omega_0(V_2^4 - \omega_0^2 - 1)}{M(V_2^4 - 2V_2^2 + \omega_0^2 + 1)} = S_2(\omega_0) \end{aligned} \tag{4.57}$$

进一步，对 $j=0,1,2,\cdots$，可求出临界时滞值：

$$\tau_0^j = \begin{cases} \dfrac{\arccos C_2(\omega_0) + 2j\pi}{\omega_0}, S_2(\omega_0) \geqslant 0 \\ \dfrac{2\pi - \arccos C_2(\omega_0) + 2j\pi}{\omega_0}, S_2(\omega_0) < 0 \end{cases} \tag{4.58}$$

假设 $\lambda(\tau) = r(\tau) + \mathrm{i}\omega(\tau)$ 是特征方程(4.51)接近 τ_0^j 的特征根，并且对于 $j = 0,1,2,\cdots$ 都有 $r(\tau_0^j) = 0$ 和 $\omega(\tau_0^j) = \omega_0$ 成立。

通过对特征方程(4.51)两端关于 τ 求导，可以推导出横截性条件：

$$\begin{aligned} &\mathrm{Re}\left(\frac{\mathrm{d}\lambda}{\mathrm{d}\tau}\bigg|_{\tau=\tau_0^j}\right)^{-1} \\ &= \mathrm{Re}\left\{\left\{-\frac{2\lambda + V_2^2 + 1 - M\mathrm{e}^{-\lambda\tau}}{[M\lambda - M(V_2^2 - 1)]\lambda\mathrm{e}^{-\lambda\tau}} - \frac{\tau}{\lambda}\right\}\bigg|_{\tau=\tau_0^j}\right\} \\ &= \mathrm{Re}\left\{\frac{(2\mathrm{i}\omega + V_2^2 + 1)(\cos\omega\tau + \mathrm{i}\sin\omega\tau) - M}{[\mathrm{i}\omega - M(V_2^2 - 1)]\mathrm{i}\omega}\bigg|_{\tau=\tau_0^j}\right\} \\ &= \frac{2\omega_0^2 + a_1}{M^2[\omega_0^2 + (V_2^2 - 1)^2]} \end{aligned}$$

显然，表达式 $2\omega_0^2 + a_1 > 0$ 成立，因此，横截性条件 $\mathrm{Re}\left(\dfrac{\mathrm{d}\lambda}{\mathrm{d}\tau}\bigg|_{\tau=\tau_0^j}\right) > 0$ 成立。

定理 4.8　对于时滞模型(4.33)，可以得出如下结论：

(1)当 $0 \leqslant \tau < \tau_0^0$ 时，植被平衡点 E_2 是局部渐近稳定的，而当 $\tau > \tau_0^0$ 时，E_2 变成不稳定的。

(2)当 $\tau = \tau_0^j$ 时，时滞模型(4.33)在 E_2 处经历了霍普夫分岔，其中 $j=0,1,2,\cdots$。

注：类似于 4.2.5 节的分析过程，可以分析出模型(4.33)在另一个植被平衡点 $E_1=(V_1,U_1)$ 处的动力学行为，即在所有方程和表达式中 V_2 被替换为 V_1。为了简化内容，只展示关键条件和结论。对于常微分方程模型(4.34)，可计算出 $V_1^2-1<0$，则可得到 $\lambda_1\lambda_2<0$，这表明模型(4.34)在 E_1 处是不稳定的；而对于时滞模型(4.33)，还可以推断出相应的特征方程有一对纯虚根 $\pm i\omega_1$，但横截性条件

$$\mathrm{Re}\left(\frac{d\lambda}{d\tau}\bigg|_{\tau=\tau_1^j}\right)>0$$

这里使用符号 ω_1 和 τ_1^j 以区分 ω_0 和 τ_0^j。这种情况表明，基于常微分方程模型(4.34)在 E_1 处的不稳定性，至少有一对特征根位于右半平面，并且不会在 $i\omega_1$ 处穿过虚轴进入左半平面，因此时滞模型(4.33)在 E_1 处是不稳定的。

情况 2：时滞扩散模型(4.33)在 E_2 处的动力学行为

接下来，讨论时滞扩散模型(4.33)在 E_2 处的动力学行为。扩散模型(4.33)在 E_2 处的特征方程为

$$\begin{aligned}\Delta(k,0)&=\lambda^2+[(D_1+D_2)k^2+V_2^2+1-M]\lambda+D_1D_2k^4-\\&\quad[-(V_2^2+1)D_1+MD_2]k^2+M(V_2^2-1)\\&=0\end{aligned}\tag{4.59}$$

设特征方程(4.59)具有两个特征根 λ_1、λ_2 且满足

$$\lambda_1+\lambda_2=-[(D_1+D_2)k^2+V_2^2+1-M]$$

$$\lambda_1\lambda_2=D_1D_2k^4-[-(V_2^2+1)D_1+MD_2]k^2+M(V_2^2-1)$$

根据扩散模型(4.33)在 E_2 处的稳定性条件(H8)，对于任意的 k，$\lambda_1+\lambda_2<0$ 都成立。如果条件

$$(\mathrm{H9})\ -(V_2^2+1)D_1+MD_2<0$$

成立，又因为 $V_2>1$，则对于任意的 k 都可以得到 $\lambda_1\lambda_2>0$。因此，当条件(H8)和(H9)都成立时，扩散模型(4.33)在 E_2 处是局部渐近稳定的。

假设 $\lambda=i\omega\,(\omega>0)$ 是特征方程(4.51)的一个根，通过与之前类似的方法给出以下方程组：

$$\begin{cases}(D_1+D_2)k^2\omega+(V_2^2+1)\omega=M\omega\cos\omega\tau-[MD_2k^2-M(V_2^2-1)]\sin\omega\tau\\D_1D_2k^4+(V_2^2+1)D_1k^2-\omega^2=M\omega\sin\omega\tau+[MD_2k^2-M(V_2^2-1)]\cos\omega\tau\end{cases}\tag{4.60}$$

类似地，关于 ω 可以获得以下方程：

$$\omega^4 + b_1(k)\omega^2 + b_0(k) = 0 \tag{4.61}$$

其中

$$b_1(k) = (D_1^2 + D_2^2)k^4 + 2(V_2^2 + 1)D_2 k^2 + (V_2^2 + 1)^2 - M^2$$
$$b_0(k) = b_{01}(k) b_{02}(k)$$

并且

$$b_{01}(k) = D_1 D_2 k^4 + [(V_2^2 + 1)D_1 + MD_2]k^2 - M(V_2^2 - 1)$$
$$b_{02}(k) = D_1 D_2 k^4 - [-(V_2^2 + 1)D_1 + MD_2]k^2 + M(V_2^2 - 1)$$

显然，分别基于条件(H8)和(H9)，对于任意的 k 都可以得到 $b_{01}(k) > 0$ 和 $b_{02}(k) > 0$。

令 $z = \omega^2$，代入方程(4.61)，可得

$$z^2 + b_1(k)z + b_0(k) = 0, \forall k \in \mathbf{Z}^+ \tag{4.62}$$

引理 4.7 如果存在 k_0 满足

(H10) $b_{01}(k_0) > 0$ 和 $b_1^2(k_0) - 4b_0(k_0) > 0$

则对于 $\tau \geqslant 0$，时滞扩散模型(4.33)在 E_2 处是局部渐近稳定的。

证明 假设方程(4.62)有两个特征根

$$z_k^1 = \frac{1}{2}\left[-b_1(k_0) + \sqrt{b_1^2(k_0) - 4b_0(k_0)}\right]$$

$$z_k^2 = \frac{1}{2}\left[-b_1(k) - \sqrt{b_1^2(k) - 4b_0(k)}\right]$$

如果存在 k_0 满足条件(H10)，则可以得到 $z_{k_0}^2 < z_{k_0}^1 < 0$，这表明特征方程(4.51)不具有纯虚根。通过结合 $\tau = 0$ 时 E_2 的局部稳定性，可知当 $\tau \geqslant 0$ 时，时滞扩散模型(4.33)在 E_2 处是局部渐近稳定的。

引理 4.8 如果存在 k_0 满足(H11) $b_{01}(k_0) < 0$，则特征方程(4.51)具有一对纯虚根。

证明 类似于引理 4.7，假设方程(4.62)有两个实特征根

$$z_k^1 = \frac{1}{2}\left[-b_1(k) + \sqrt{b_1^2(k) - 4b_0(k)}\right]$$

$$z_k^2 = \frac{1}{2}\left[-b_1(k) - \sqrt{b_1^2(k) - 4b_0(k)}\right]$$

如果存在 k_0 满足条件(H11) $b_{01}(k_0) < 0$，则对于任意 k，又因为 $b_{02}(k) > 0$，能得到 $b_0(k_0) < 0$，因此可得表达式 $b_1^2(k_0) - 4b_0(k_0) > 0$，则可以得出 $z_{k_0}^2 < 0 < z_{k_0}^1$，这表明特征方程(4.62)具有一对纯虚根 $\pm \mathrm{i}\omega_{k_0}$，其中 $\omega_{k_0} = \sqrt{z_{k_0}^1}$。

在引理 4.8 的条件下，由方程组(4.60)求解可得

$$\begin{aligned} \cos\omega_{k_0}\tau &= \frac{A_1 M\omega_{k_0} + B_1 B_2}{M^2\omega_{k_0}^2 + B_2^2} = C_3(\omega_{k_0}) \\ \sin\omega_{k_0}\tau &= -\frac{-B_1 M\omega_{k_0} + A_1 B_2}{M^2\omega_{k_0}^2 + B_2^2} = S_3(\omega_0) \end{aligned} \tag{4.74}$$

其中

$$A_1 = (d_1 + d_2)k_0^2\omega_{k_0} + (V_2^2 + 1)\omega_{k_0}$$
$$B_1 = d_1 d_2 k_0^4 + (V_2^2 + 1)d_1 k_0^2 - \omega_{k_0}^2$$
$$B_2 = Md_2 k_0^2 - M(V_2^2 - 1)$$

进一步，对于 $j = 0,1,2,\cdots$，计算出临界时滞值：

$$\tau_{k_0}^j = \begin{cases} \dfrac{\arccos C_3(\omega_{k_0}) + 2j\pi}{\omega_{k_0}}, S_3(\omega_{k_0}) \geqslant 0 \\ \dfrac{2\pi - \arccos C_3(\omega_{k_0}) + 2j\pi}{\omega_{k_0}}, S_3(\omega_{k_0}) < 0 \end{cases} \tag{4.75}$$

设 $\lambda(\tau) = r(\tau) + i\omega(\tau)$ 是特征方程(4.51)在临界值 $\tau_{k_0}^j$ 处的特征根，并且对于 $j = 0,1,2,\cdots$ 都有 $r(\tau_{k_0}^j) = 0$ 和 $\omega(\tau_{k_0}^j) = \omega_{k_0}$ 成立。

使用相同的方法，可以得到如下的横截性条件：

$$\begin{aligned} &\mathrm{Re}\left(\frac{d\lambda}{d\tau}\bigg|_{\tau=\tau_{k_0}^j}\right)^{-1} \\ &= \mathrm{Re}\left\{\left[-\frac{2\lambda + (D_1 + D_2)k^2 + V_2^2 + 1 - Me^{-\lambda\tau}}{M(\lambda + D_2k^2 - V_2^2 + 1)\lambda e^{-\lambda\tau}} - \frac{\tau}{\lambda}\right]\bigg|_{\tau=\tau_{k_0}^j}\right\} \\ &= \mathrm{Re}\left\{-\frac{[2i\omega + (D_1 + D_2)k^2 + V_2^2 + 1](\cos\omega\tau + i\sin\omega\tau) - M}{M(i\omega + D_2k^2 - V_2^2 + 1)i\omega}\bigg|_{\tau=\tau_{k_0}^j}\right\} \\ &= \frac{2\omega_{k_0}^2 + b_1(k_0)}{M^2[\omega_{k_0}^2 + (D_2k_0^2 - V_2^2 + 1)^2]} \end{aligned}$$

显然，可以得到横截性条件 $\mathrm{Re}\left(\dfrac{d\lambda}{d\tau}\bigg|_{\tau=\tau_{k_0}^j}\right) > 0$。

根据引理 4.8 和上述横截性条件，可以推出如下结论。

定理 4.9　如果满足条件(H11)，且

(1)如果 $0 \leqslant \tau < \tau_{k_0}^0$，则时滞扩散模型(4.33)在植被平衡点 E_2 处是局部渐近稳定的，但是如果 $\tau > \tau_{k_0}^0$，在 E_2 处将变得不稳定。

(2)当 $\tau = \tau_{k_0}^j (j = 0,1,2\cdots)$ 时，时滞扩散模型(4.33)在植被平衡点 E_2 处将经历空间齐次的霍普夫分岔。

4.2.6　数值模拟

为了研究渗透时滞、空间扩散和植被死亡率因素对于式(4.33)的3个模型，即对应的常微分方程模型、时滞模型和时滞扩散模型的影响，首先在图4.5(a)中展示了V关于参数M的分岔图。其中，参数为$A=2.4$，$D_1=0.02$，$D_2=0.3$。从图4.5(a)中可以观察到模型(4.34)中始终具有稳定的裸地态平衡点E_0，并且经历了正平衡点个数从2到1的变化，然后随着M的增加正平衡点的数量变为0。E_2是局部渐近稳定的，而E_1是不稳定的，并且E_2和E_1在$M=\frac{A}{2}$处重合形成E_*。图4.5(b)显示了时滞模型(4.33)在E_2处的临界时滞值τ_0^0，并且$M=\frac{A}{2}$把$M-\tau$参数平面划分为3个区域：在区域R_1内，E_0是稳定的，但E_2不稳定；在区域R_2内，E_0是稳定的，E_2不存在；在区域R_3内，E_0和E_2是双稳态的。并且，当$M=\frac{A}{2}$时，时滞模型(4.33)发生鞍结点分岔，当$\tau=\tau_0^0$时，时滞模型(4.33)在E_2处发生霍普夫分岔。图4.5(c)展示了时滞扩散模型(4.33)在E_2处的临界时滞值τ_1^0和$M=\frac{A}{2}$把$M-\tau$参数平面划分为3个区域，且这3个区域的情况与图4.5(b)一致。并且，当$M=\frac{A}{2}$时，重合平衡点E_*变得很稳定，当$\tau=\tau_1^0$时，时滞扩散模型(4.33)在E_2处经历了空间齐次的霍普夫分岔。

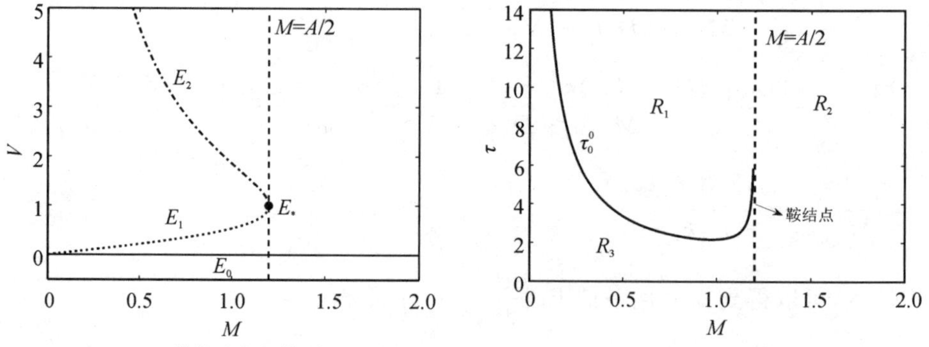

(a) 常微分方程模型　　(b) 时滞模型

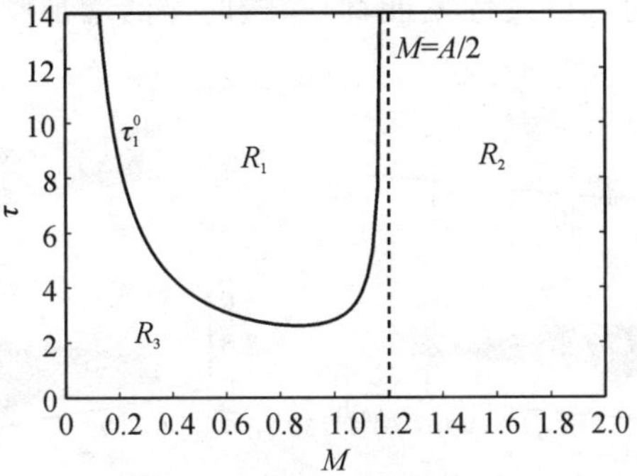

(c) 时滞扩散模型

图 4.5　分岔图

接下来，通过数值模拟展示平衡点 E_0 和 E_* 的局部稳定性，以及时滞模型(4.33)在 E_2 处的霍普夫分岔。

1. E_0 和 E_* 的局部稳定性

图 4.6 展示了在参数取 $A=2.4$，$M=1.2$ 时，E_0 和 E_* 的局部稳定性分析。图 4.6(a)显示了时滞模型(4.33)的解随时间变化的序列图，对于不同的时滞 $\tau=0.35,1.0,8.0$，解最终趋于裸地态平衡点。图 4.6(b)显示了从任何初始条件出发的解最终都趋向于裸地态平衡点 $E_0=(0,2.4)$，这表明当 $\tau=1$ 时，E_0 是局部渐近稳定的，但是 E_* 仍然是鞍结点。在这种情况下，植被系统将灭绝。

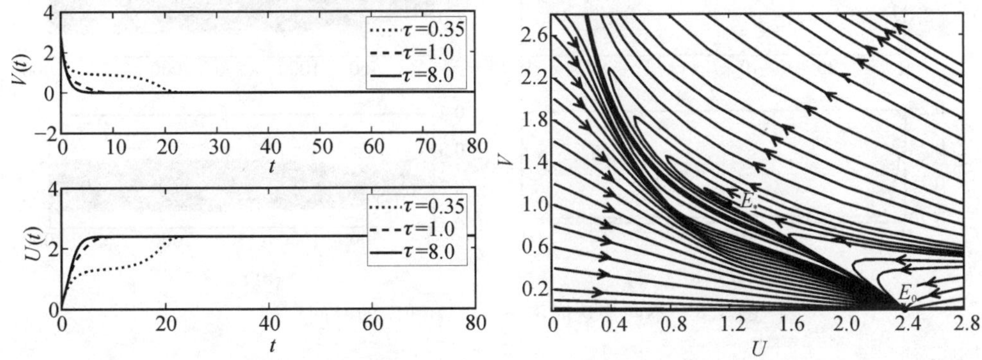

(a) 时间序列图　　(b) 相图

图 4.6　E_0 和 E_* 的局部稳定性

当参数 $A=2.4$，$M=1.2$，$D_1=0.14$，$D_2=0.10$ 时，图 4.7 展示了 V 和 U 的时空变化图。在图 4.7(a)中，可以观察到当 $\tau=0.35$ 时，植被生物量和土壤含水量随着时间和空间的推移最终趋于均匀稳态解 E_*。当渗透时滞增加到 2 时，植被生物量和土壤含水量收敛到裸地态 E_0(见图 4.7(b))。这一现象表明，取值较小的时滞有助于植被系统的可持续性发展，而渗透时滞的增加则可能导致植被的灭绝。

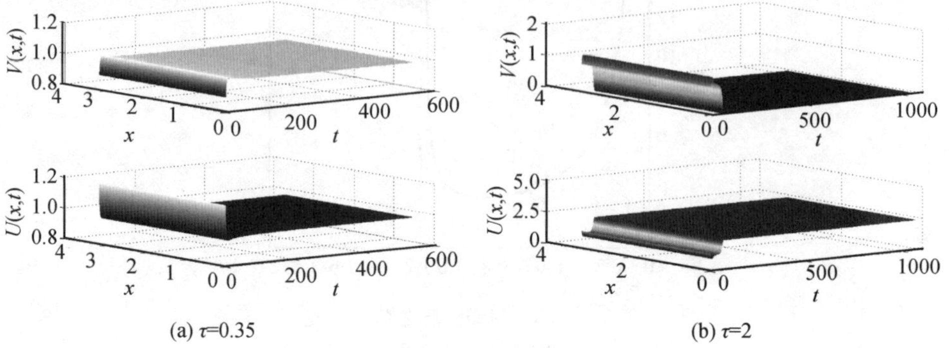

图 4.7　V 和 U 的时空变化图

2. E_2 处的霍普夫分岔

根据 4.2.5 节，当参数 $A=1.2$，$M=0.45$ 时，可计算出植被均匀稳态 $E_2=(2.2153, 0.2031)$ 和临界时滞值 $\tau_0^0=4.84$。在图 4.8(a)中，当 $\tau=1.0<\tau_0^0$ 时，时滞模型(4.33)随时间变化的解最终会趋于植被均匀态 E_2，这表明 E_2 是局部渐近稳定的。然而当 $\tau=4.9>\tau_0^0$，时滞模型(4.33)的解最终趋向于周期解(见图 4.8(b))，这正好证实了定理 4.8 的结论，即植被生物量随时间的变化呈现周期振荡模式。

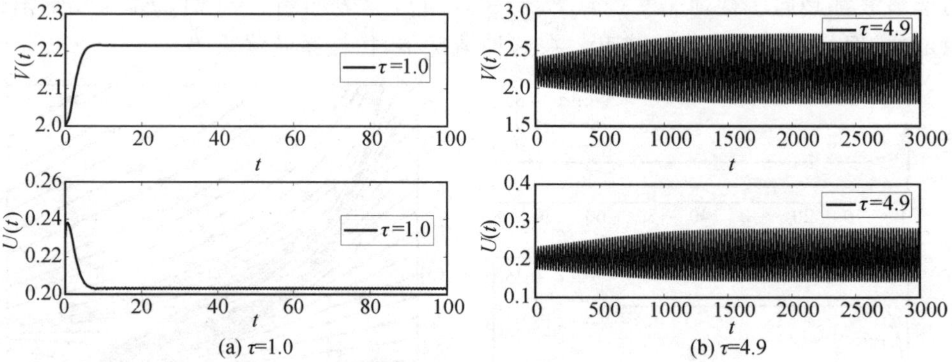

图 4.8　不同渗透时滞 τ 下，V 和 U 的时间序列图

当参数 $A=1.2$，$\tau=7.4$ 时，图 4.9 展示了随着参数 M 的增加，时滞模型(4.33)的植被平衡点 E_2 经历了从稳定到不稳定，再回到稳定的转变过程。同时，每个不稳定的平衡点 E_2 都被稳定的周期解所包围，即在 E_2 失去稳定性时，从 E_2 分岔出一族渐近稳定的周期解。在图 4.9 中，实线和虚线分别表示稳定和不稳定的平衡点 E_2，而方框和三角形则分别表示对应周期解的最大和最小振幅。此外，可以观察到，随着植被死亡率的增加，植被生物量逐渐减少，并且最大和最小振幅之间的差异先增大后减小。这表明，植被死亡率略高对于植被系统的可持续生长是有害的。

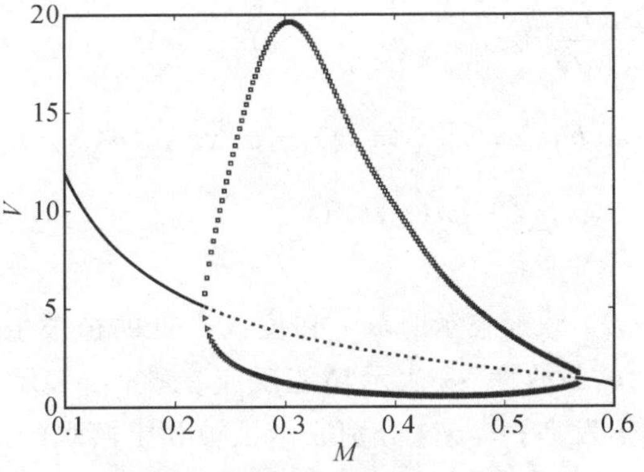

图 4.9　V 随参数 M 的分岔图

在干旱和半干旱地区,水资源是影响植被可持续生长的关键因素。植被吸收水分的过程依赖于降水渗透到土壤中的有效性,而这一种过程通常是有时滞效应的。因此,基于克劳斯迈尔-格雷-斯科特模型,本节建立了一个耦合渗透时滞效应的植被-水模型。在实际情况中,某一地区的降水量通常保持相对稳定。在这样的背景下,植被死亡率的变化对植被系统的影响变得显著。因此,本节将植被死亡率 M 和渗透时滞 τ 作为控制参数,重点讨论所建立模型的局部稳定性和周期振荡模式。模型(4.33)在双稳态区域中的最终稳态取决于初始条件的选择。研究应该如何细分双稳态区域具有重要意义,以便在后续工作中明确识别出仅存在植被的区域。此外,对于草地植被系统,植被死亡率与放牧强度密切相关,因此,研究放牧因素对草地植被系统可持续生长的影响也具有重要的应用价值[16-17]。

4.3　具有种内竞争时滞的植被周期振荡模式

目前,有关植被-水模型的数学分析主要集中在对斑图形成理论的研究上,旨在解释自然界中各种植被斑图的形成机制。然而,事实上,除了斑图外,自然界中还可观察到植被生物量随着时间推移发生周期性振荡的现象。例如,根据甘肃省 2010 年 1 月到 2018 年 12 月的植被覆盖度月度数据,可以发现植被覆盖度在年度尺度上呈现周期性变化[18]。然而,这种周期振荡现象无法仅通过空间斑图形成理论来解释,因此需要寻找新的理论方法进行研究。

基于 Von Hardenberg 等提出的耦合植被的饱和吸水效应和霍林Ⅱ型作用项的植被-水模型[10],本节将讨论幼年期与成年期的植被之间存在的种内竞争。具体来说,t 时刻的植被与 $t-\tau$ 时刻的植被竞争相同的水资源,其中 τ 表示植被从幼年成长为成年所需的平均时间。因此,本节在植被方程的植被种内竞争项中引入时滞,从而构建具有种内竞争时滞的植被-水扩散模型[18]:

$$
\begin{cases}
\dfrac{\partial n(x,t)}{\partial t}=\dfrac{\gamma w(x,t)}{1+\sigma w(x,t)}n(x,t)-n(x,t-\tau)n(x,t)-\mu n(x,t)+d_1\nabla^2 n(x,t)\\
\dfrac{\partial w(x,t)}{\partial t}=p-[1-bn(x,t)]w(x,t)-w^2(x,t)n(x,t)+\\
\qquad d_2\nabla^2[w(x,t)-\beta n(x,t)]
\end{cases}
\tag{4.76}
$$

其中，$n(x,t)$、$w(x,t)$ 分别表示时刻 t 和位置 x 处的植被生物量和土壤含水量；γ 表示植被对土壤水的吸收率；σ 表示功能反应参数；μ 表示植被的死亡速率；p 表示降水量；b 表示蒸发率；d_1、d_2 分别表示植被和土壤水的扩散率；$\nabla^2=\partial^2/\partial x^2$ 表示二维空间中的拉普拉斯算子；β 表示渗透层中植被根系引起的土壤水的扩散率。此外，$\gamma w/(1+\sigma w)$ 描述植被的饱和吸水效应，$-(1-bn)w$ 刻画土壤水的蒸发。接下来，将主要从动力学行为的角度对模型(4.76)进行分析，这里所有的参数和变量都是无量纲的。

为了后续讨论方便，规定：

(1)当 $d_1=0,d_2=0,\tau\neq 0$ 时，将模型(4.76)称为时滞模型。

(2)当 $d_1\neq 0,d_2\neq 0,\tau=0$ 时，将模型(4.76)称为扩散模型。

(3)当 $d_1\neq 0,d_2\neq 0,\tau\neq 0$ 时，将模型(4.76)称为时滞扩散模型。

4.3.1 平衡点及其稳定性

不考虑时滞和空间扩散(即 $d_1=0,d_2=0,\tau=0$)时，模型(4.76)可转化为如下的常微分方程模型：

$$
\begin{cases}
\dfrac{\partial n(t)}{\partial t}=\dfrac{\gamma w(t)}{1+\sigma w(t)}n(t)-n^2(t)-\mu n(t)\\
\dfrac{\partial w(t)}{\partial t}=p-[1-bn(t)]w(t)-w^2(t)n(t)
\end{cases}
\tag{4.77}
$$

令上述模型的右端项为关于 n、w 的函数，记为

$$
\begin{cases}
f_1(n,w)=\dfrac{\gamma w}{1+\sigma w}n-n^2-\mu n\\
f_2(n,w)=p-(1-bn)w-w^2 n
\end{cases}
$$

通过求解上述模型(4.77)的平衡点，易知模型总存在一个植被灭绝平衡点 $E_0=(n_0,w_0)=(0,p)$。进一步求解正平衡点(n,w)，可推导得

$$
n=\frac{-\mu\sigma w+\gamma w-\mu}{\sigma w+1}
$$

由于 $w>0$，则 $\sigma w+1>0$ 成立。注意，使得 $n>0$ 成立的条件是 $-\mu\sigma w+\gamma w-\mu>0$。同时，可推导出如下关于 w 的一元三次方程：

$$f(w)=\alpha_3 w^3+\alpha_2 w^2+\alpha_1 w+\alpha_0=0 \tag{4.78}$$

其中

$$\alpha_3=\mu\sigma-\gamma,\ \alpha_2=-\mu b\sigma+\gamma b+\mu-\sigma$$
$$\alpha_1=-\mu b-1+p\sigma,\ \alpha_0=p>0$$

当条件 $-\mu\sigma w+\gamma w-\mu>0$ 成立，显然可得 $\alpha_3<0$，则 $\lim\limits_{w\to+\infty}f(w)=-\infty$，但 α_2 和 α_1 的符号不确定。$f(w)$ 的一阶导数为 $f'(w)=3\alpha_3 w^2+2\alpha_2 w+\alpha_1$，且对应的 $\Delta=4(\alpha_2^2-3\alpha_3\alpha_1)$。根据一元三次函数的性质，讨论方程(4.77)存在的正实数根的情况，进而给出模型(4.77)存在正平衡点的条件(见表 4.2)。注意到这些平衡点也是模型(4.76)的常数稳态解。

表 4.2　模型(4.77)存在正平衡点的条件

条件	平衡点
$\gamma-\mu\sigma\leqslant 0$	E_0
$\gamma-\mu\sigma>0,\Delta\leqslant 0$	E_0、E_*
$\gamma-\mu\sigma>0,\Delta>0,\alpha_1>0$	E_0、E^*
$\gamma-\mu\sigma>0,\Delta>0,\alpha_1<0,\alpha_2<0$	E_0、E_1

(Ⅰ)当 $\Delta<0$ 或 $\Delta=0$ 时，由 $f(0)=\alpha_0>0$ 和 $\lim\limits_{w\to+\infty}f(w)=-\infty$，易知三次函数 $f(w)$ 和 w 轴之间仅有一个位于 w 右半轴的交点(见图 4.10(a)和(b))，则 $f(w)=0$ 有一个唯一的正实数根 $w_*>0$，因此模型(4.77)存在一个唯一的正平衡点 $E_*=(n_*,w_*)$。

(Ⅱ)当 $\Delta>0$ 时，$f'(w)=0$ 有两个实数根：

$$w^+=\frac{\alpha_2+\sqrt{\Delta}}{-3\alpha_3},w^-=\frac{\alpha_2-\sqrt{\Delta}}{-3\alpha_3},w^-<w^+$$

同时，可推导出 $f''(w^+)=-\sqrt{\Delta}<0$，$f''(w^-)=\sqrt{\Delta}>0$，这表明 w^+ 和 w^- 分别是最大值点和最小值点。

(i)如果 $\alpha_1>0$，无论 α_2 的符号情况，都有 $w^-<0<w^+$ 成立。根据 $f(0)=\alpha_3>0$，$\lim\limits_{w\to+\infty}f(w)=-\infty$ 和最大值点 $w^+>0$，则方程 $f(w)=0$ 存在唯一的正实数根 w^*(见图 4.10(c))。因此，模型(4.77)仅有一个植被平衡点 $E^*=(n^*,w^*)$。

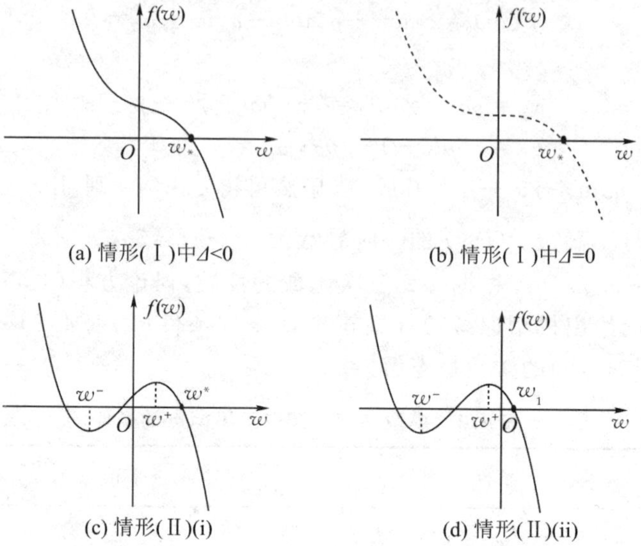

图 4.10　方程(4.78)存在唯一正实数根的示意图(实心点代表正实数根)

(ii)如果 $\alpha_1<0,\alpha_2<0$，易知 $w^-<w^+<0$。同时，由 $f(0)=\alpha_3>0$ 和 $\lim\limits_{w\to+\infty}f(w)=-\infty$，可推导出 $f(w)=0$ 有一个正实数根 w_1(见图 4.10(d))，所以模型(4.77)有一个正平衡点 $E_1=(n_1,w_1)$。

通过计算，可推导出模型(4.77)在植被灭绝平衡点 $E_0=(0,p)$ 处的雅可比矩阵为

$$\boldsymbol{J}(0,p)=\begin{bmatrix}\dfrac{\gamma p}{\sigma p+1}-\mu & 0\\ p(b-p) & -1\end{bmatrix}\tag{4.79}$$

则对应的特征方程为

$$\lambda^2-\left(\frac{\gamma p}{\sigma p+1}-\mu+1\right)\lambda+\mu=0$$

容易计算出特征根为

$$\lambda_1=-1,\ \lambda_2=\frac{\gamma p}{\sigma p+1}-\mu$$

若条件

$$\text{(D1)}\ p<-\frac{\mu}{\mu\sigma-\gamma}$$

成立，易知 $\lambda_2<0$，表明 E_0 是局部渐近稳定的。相反地，若 $p>\dfrac{-\mu}{\mu\sigma-\gamma}$ 成立，则 E_0 是不稳定的。

4.3.2　时滞模型的霍普夫分岔

为了简化数学符号的表示，这里把唯一的正平衡点记为 $E_u = (n_u, w_u)$。从生物学意义的角度来说，主要关注时滞扩散模型(4.76)在唯一植被稳态解 E_u 处的动力学行为。首先，对此平衡点作一个微扰，即令 $n = n_u + \tilde{n}$ 和 $w = w_u + \tilde{w}$，并将此代换代入时滞扩散模型(4.76)。其次，进行泰勒级数展开并去掉高阶非线性项。最后，得到下面的线性微扰模型：

$$\begin{cases} \dfrac{\partial \tilde{n}(t)}{\partial t} = c_{11}\tilde{n} + c_{12}\tilde{n}(t-\tau) + c_{13}\tilde{w}(t-\tau) + d_1\nabla^2\tilde{n} \\ \dfrac{\partial \tilde{w}(t)}{\partial t} = c_{21}\tilde{n} + c_{22}\tilde{w} + d_2\nabla^2(\tilde{w} - \beta\tilde{n}) \end{cases} \tag{4.80}$$

其中

$$c_{11} = \frac{\gamma w_u}{1 + \sigma w_u} - n_u - \mu,\ c_{12} = -n_u < 0$$

$$c_{13} = \frac{\gamma n_u}{(\sigma w_u + 1)^2} > 0,\ c_{21} = w_u(b - w_u)$$

$$c_{22} = bn_u - 2n_u w_u - 1 = -\frac{p}{w_u} - n_u w_u < 0$$

由于植被存在平衡点 $E_u = (n_u, w_u)$ 满足 $f_1(n, w) = 0$，故 $c_{11} = 0$，推理可得 $c_{11} + c_{12} = -n_u < 0$。

将微扰变量 $\tilde{n}$ 和 $\tilde{w}$ 在傅里叶空间进行展开，即令

$$\begin{bmatrix} \tilde{n} \\ \tilde{w} \end{bmatrix} = \sum_k \begin{bmatrix} c_k^1 \\ c_k^2 \end{bmatrix} \mathrm{e}^{\lambda t + \mathrm{i}kx} \tag{4.81}$$

其中，c_k^1 和 c_k^2 是傅里叶系数；k 表示波数；t 表示推移变化的时间；λ 是 t 时刻的扰动增长率且依赖于 k；i 是虚数单位；x 为空间位置。将式(4.81)其代入模型(4.80)，可得到如下的特征方程矩阵：

$$\lambda \begin{bmatrix} c_k^1 \\ c_k^2 \end{bmatrix} = \begin{bmatrix} c_{11} + c_{12}\mathrm{e}^{-\lambda\tau} - d_1 k^2 & c_{13}\mathrm{e}^{-\lambda\tau} \\ c_{21} + d_2\beta k^2 & c_{22} - d_2 k^2 \end{bmatrix} \begin{bmatrix} c_k^1 \\ c_k^2 \end{bmatrix}$$

通过求解上述方程，可得时滞扩散模型(4.76)在 E_u 处的特征方程为

$$\begin{aligned} \Delta(k, \tau) = {} & \lambda^2 + [(d_1 + d_2)k^2 - c_{11} - c_{22}]\lambda + d_1 d_2 k^4 - (c_{22}d_1 + c_{11}d_2)k^2 + \\ & c_{11}c_{22} + [-c_{12}\lambda - (\beta c_{13} + c_{12})d_2 k^2 + c_{12}c_{22} - c_{13}c_{21}]\mathrm{e}^{-\lambda\tau} \\ = {} & 0 \end{aligned} \tag{4.82}$$

为了更好地研究时滞扩散模型(4.76)引入时滞和空间扩散因素后对动力学行为的影响，下面首先考虑模型(4.76)在 E_u 处的动力学行为。根据特征方程

(4.82)，可计算出时滞模型(4.76)在 E_u 处的特征方程为

$$\Delta(0,\tau)=\lambda^2-(c_{11}+c_{22})\lambda+c_{11}c_{22}+(-c_{12}\lambda+c_{12}c_{22}-c_{13}c_{21})e^{-\lambda\tau}=0 \tag{4.83}$$

当不考虑时滞时，即 $\tau=0$，特征方程(4.83)转化为

$$\Delta(0,0)=\lambda^2-(c_{11}+c_{12}+c_{22})\lambda+(c_{11}+c_{12})c_{22}-c_{13}c_{21}=0 \tag{4.84}$$

假设上述特征方程(4.84)有两个特征根 λ_1 和 λ_2，则有

$$\lambda_1+\lambda_2=c_{11}+c_{12}+c_{22}$$

$$\lambda_1\lambda_2=(c_{11}+c_{12})c_{22}-c_{13}c_{21}$$

显然，由于 $c_{11}+c_{12}<0$ 和 $c_{22}<0$，易知 $\lambda_1+\lambda_2<0$，但 $\lambda_1\lambda_2$ 的符号不确定。如果条件

$$\text{(D2)}\ b-w_u<0$$

成立，即 $c_{21}<0$，可推导出 $\lambda_1\lambda_2>0$，易知 $\lambda_1<0$ 和 $\lambda_2<0$ 成立，表明植被存在的平衡点 E_u 是局部渐近稳定的。

为了分析时滞模型(4.76)发生霍普夫分岔的条件，假设 $\lambda=i\omega\,(\omega>0)$ 是特征方程(4.83)的根，则可推出

$$(i\omega)^2-i(c_{11}+c_{22}+c_{12}e^{-i\omega\tau})\omega+c_{11}c_{22}+(c_{12}c_{22}-c_{13}c_{21})e^{-i\omega\tau}=0$$

通过分离上述方程的实部和虚部，可得

$$\begin{cases}-\omega^2+c_{11}c_{22}=-(c_{12}c_{22}-c_{13}c_{21})\cos\omega\tau+c_{12}\omega\sin\omega\tau\\-(c_{11}+c_{22})\omega=c_{12}\omega\cos\omega\tau+(c_{12}c_{22}-c_{13}c_{21})\sin\omega\tau\end{cases} \tag{4.85}$$

对上述两个方程左右两边分别平方之后再相加，可得

$$\omega^4+C_1\omega^2+C_0=0 \tag{4.86}$$

其中

$$C_1=c_{11}^2+c_{22}^2-c_{12}^2=c_{22}^2-c_{12}^2,\ C_0=C_{01}C_{02}$$

这里

$$C_{01}=(c_{11}-c_{12})c_{22}+c_{13}c_{21}=-c_{12}c_{22}+c_{13}c_{21}$$

$$C_{02}=(c_{11}+c_{12})c_{22}-c_{13}c_{21}=c_{12}c_{22}-c_{13}c_{21}$$

基于模型(4.77)的植被在平衡点 E_u 处具有局部稳定性，可知系数 $C_{02}>0$，但 C_1 和 C_{01} 的符号是不确定的。此外，注意到 C_{01} 表达式的符号恰好与 C_{02} 相反，所以 $C_0<0$ 成立。

令 $y=\omega^2>0$，则方程(4.86)可被转化为

$$y^2+C_1y+C_0=0 \tag{4.87}$$

设 y_1 和 y_2 是方程(4.87)的两个根，则

$$y_1=\frac{-C_1+\sqrt{C_1^2-4C_0}}{2}$$

$$y_2=\frac{-C_1-\sqrt{C_1^2-4C_0}}{2}$$

且 $y_1>y_2$。由表达式 $C_0<0$，知 $C_1^2-4C_0>0$，可进一步推导出无论 C_1 的符号情况都有 $y_1>0>y_2$，进而得到 $\omega_0^2=y_1>0$，这表明了特征方程(4.83)有一对纯虚根 $\pm \mathrm{i}\omega_0$，其中，$\omega_0=\sqrt{y_1}$。

根据方程组(4.85)，可以推导出

$$\begin{cases}\cos\omega_0\tau=-\dfrac{(c_{11}c_{12}-c_{13}c_{21})\omega_0^2+c_{11}c_{22}(c_{12}c_{22}-c_{13}c_{21})}{(c_{12}c_{22}-c_{13}c_{21})^2+c_{12}^2\omega_0^2}=X_1(\omega_0)\\ \sin\omega_0\tau=\dfrac{[c_{13}c_{21}(c_{11}+c_{22})-c_{12}(c_{22}^2+\omega_0^2)]\omega_0}{(c_{12}c_{22}-c_{13}c_{21})^2+c_{12}^2\omega_0^2}=X_2(\omega_0)\end{cases}\tag{4.88}$$

通过求解方程组(4.88)的第一个方程，对 $j=0,1,2,\cdots$ 可计算出临界时滞 τ 的值：

$$\tau_0^j=\begin{cases}\dfrac{1}{\omega_0}[\arccos X(\omega_0)+2j\pi],X_2(\omega_0)\geqslant 0\\ \dfrac{1}{\omega_0}[2\pi-\arccos X(\omega_0)+2j\pi],X_2(\omega_0)<0\end{cases}\tag{4.89}$$

定义 $\lambda(\tau)=\alpha(\tau)+\mathrm{i}\omega(\tau)$ 为特征方程(4.83)在 τ_0^j 附近的一个特征根，且 $\alpha(\tau_0^j)=0$ 和 $\omega(\tau_0^j)=\omega_0$，$j=0,1,2,\cdots$。

鉴于 λ 是关于 τ 的函数，则对特征方程(4.83)的两边关于 τ 求导，可推出

$$[2\lambda-(c_{11}+c_{22}+c_{12}\mathrm{e}^{-\lambda\tau})+c_{12}\lambda\tau\mathrm{e}^{-\lambda\tau}-(c_{12}c_{22}-c_{13}c_{21})\tau\mathrm{e}^{-\lambda\tau}]\frac{\mathrm{d}\lambda}{\mathrm{d}\tau}+$$
$$[c_{21}\lambda-(c_{12}c_{22}-c_{13}c_{21})]\lambda\mathrm{e}^{-\lambda\tau}=0$$

整理上述方程，可得

$$\begin{aligned}&\mathrm{Re}\left(\frac{\mathrm{d}\lambda}{\mathrm{d}\tau}\bigg|_{\tau=\tau_0^j}\right)^{-1}\\ =&\mathrm{Re}\left(\frac{2\lambda\mathrm{e}^{\lambda\tau}-(c_{11}+c_{22})\mathrm{e}^{\lambda\tau}-c_{12}}{[-c_{12}\lambda+(c_{12}c_{22}-c_{21}c_{13})]\lambda}\bigg|_{\tau=\tau_0^j}-\frac{\tau}{\lambda}\bigg|_{\tau=\tau_0^j}\right)\\ =&\frac{2\omega_0^2+c_{11}^2+c_{22}^2-c_{12}^2}{c_{12}^2\omega_0^2+(c_{12}c_{22}-c_{21}c_{13})^2}\\ =&\frac{\omega_0^4-C_0}{\omega_0^2[c_{12}^2\omega_0^2+(c_{12}c_{22}-c_{21}c_{13})^2]}\end{aligned}$$

因为 $C_0<0$ 成立，显然有 $\mathrm{Re}\left(\dfrac{\mathrm{d}\lambda}{\mathrm{d}\tau}\bigg|_{\tau=\tau_0^j}\right)^{-1}>0$，所以可推导出横截性条件

$\mathrm{Re}\left(\left.\frac{\mathrm{d}\lambda}{\mathrm{d}\tau}\right|_{\tau=\tau_0^j}\right)>0$。

注：临界时滞 τ_0^0 是序列 $\{\tau_0^j\}$ $(j=0,1,2,\cdots)$ 中的最小值。$\mathrm{Re}\left(\left.\frac{\mathrm{d}\lambda}{\mathrm{d}\tau}\right|_{\tau=\tau_0^j}\right)>0$，即表示 $\alpha'(\tau_0^j)>0$，表明随着参数 τ 增加并经过 τ_0^0 时，对应的特征根从左半平面横截穿过虚轴，进入右半平面，并且始终停留在右半平面，从而导致平衡点由稳定转变为不稳定。

通过以上的分析可得到如下结论。

定理 4.10　如果条件(D2)成立，则

(1)当 $\tau\in[0,\tau_0^0)$ 时，时滞模型(4.76)有唯一的植被存在的稳定平衡点 E_{u}，并且它是局部渐近稳定的，而当 $\tau\in(\tau_0^0,+\infty)$ 时，E_{u} 不稳定。

(2)当 $\tau=\tau_0^j$，$j=0,1,2,\cdots$ 时，时滞模型(4.76)在植被存在的稳定平衡点 E_{u} 处经历了霍普夫分岔。

当参数为 $\sigma=0.8,\mu=0.2,b=0.2,\gamma=1.6,\tau=3$ 时，图 4.11 呈现出临界时滞 τ_0^0 和植被生物量随降水量 p 的变化情况。从图 4.11(a)可观察到表达式(4.89)所表示的临界时滞 τ_0^0 随降水量 p 的增加而显著减少，说明降水量的增加有利于时滞模型发生霍普夫分岔。图 4.11(b)以 p 为分岔参数得到植被生物量的变化情况，可观察到当降水量 $p<0.96$ 时，时滞模型(4.76)只有一个植被存在的稳定平衡点(实线)；当 $p=0.96$ 时，时滞模型发生了霍普夫分岔，记此点为霍普夫分岔点 P_{HB}；当 $p>0.96$ 时，植被生物量在振荡区域的振幅随着 p 的增加而变大，同时唯一的植被存在的稳定平衡点变得不稳定(虚线)，实曲线的上支和下支分别对应于周期解的最大振幅和最小振幅。此外，还可以发现降水量 p 不影响周期解的周期。

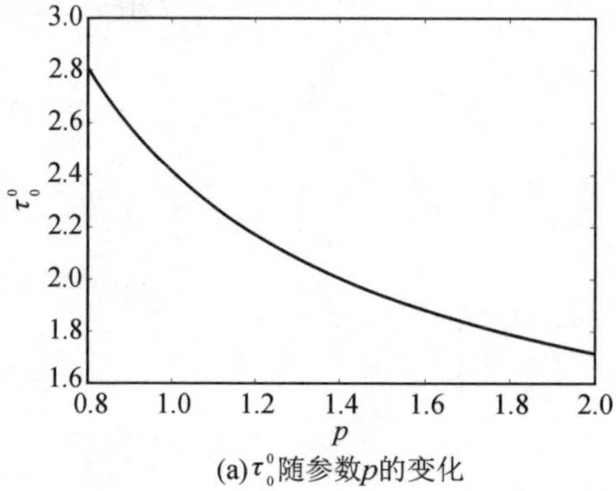

(a) τ_0^0 随参数 p 的变化

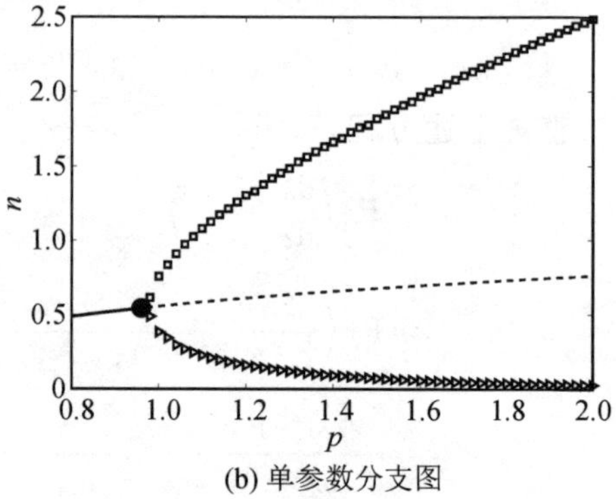

(b) 单参数分支图

图 4.11　临界时滞 τ_0^0 和植被生物量 n 随降水量 p 的变化情况

4.3.3　时滞扩散模型的霍普夫分岔

当模型(4.76)不考虑时滞时,对应的特征方程转化为

$$\begin{aligned}\Delta(k,0)=&\lambda^2+[(d_1+d_2)k^2-c_{11}-c_{22}-c_{12}]\lambda+d_1d_2k^4-(c_{22}d_1+c_{11}d_2)k^2-\\&(\beta c_{13}+c_{12})d_2k^2+c_{11}c_{22}+c_{12}c_{22}-c_{13}c_{21}\\=&0\end{aligned}\tag{4.90}$$

并计算出

$$\begin{aligned}&\mathrm{tr}[\Delta(k,0)]=-(d_1+d_2)k^2+c_{11}+c_{12}+c_{22}\\&\det[\Delta(k,0)]=d_1d_2k^4-[c_{22}d_1+(c_{11}+c_{12}+\beta c_{13})d_2]k^2+c_{11}c_{22}+c_{12}c_{22}-c_{13}c_{21}\end{aligned}\tag{4.91}$$

由于 $c_{11}+c_{12}+c_{22}<0$ 成立,易推导出对于任意的 k,都有 $\mathrm{tr}[\Delta(k,0)]<0$。如果条件

$$\text{(D3)}\ c_{22}d_1+(c_{11}+c_{12}+\beta c_{13})d_2<0$$

成立,则可得到对于任意的 k 都有 $\det[\Delta(k,0)]>0$,表明扩散模型(4.76)的 E_u 是局部渐近稳定的。

接下来,主要讨论时滞扩散模型(4.76)在唯一的植被存在的稳定平衡点 E_u 处发生霍普夫分岔的行为。通过将 $\lambda=\mathrm{i}\omega\ (\omega>0)$ 代入到特征方程(4.90)中并分离其实部和虚部,得到

$$\begin{cases}d_1d_2k^4-(c_{22}d_1+c_{11}d_2)k^2+c_{11}c_{12}-\omega^2=c_{12}\omega\sin\omega\tau+\\\qquad[(\beta c_{13}+c_{12})d_2k^2-c_{12}c_{22}+c_{13}c_{21}]\cos\omega\tau\\(d_1+d_2)\omega k^2-(c_{11}+c_{12})\omega=c_{12}\omega\cos\omega\tau+\\\qquad[(\beta c_{13}+c_{12})d_2k^2-c_{12}c_{22}+c_{13}c_{21}]\sin\omega\tau\end{cases}\tag{4.92}$$

通过对上述方程两边平方后再相加,可得

$$\omega^4+D_2(k)\omega^2+D_1(k)=0\tag{4.93}$$

其中

$$\begin{aligned}&D_2(k)=(d_1^2+d_2^2)k^4-2(c_{22}d_1+c_{11}d_2)k^2+c_{11}^2-c_{12}^2+c_{22}^2\\&D_1(k)=D_{11}(k)D_{12}(k)\end{aligned}$$

这里

$$\begin{aligned}&D_{11}(k)=d_1d_2k^4+[-c_{22}d_1+(-c_{11}+c_{12}+\beta c_{13})d_2]k^2+(c_{11}-c_{12})c_{22}+c_{13}c_{21}\\&D_{12}(k)=d_1d_2k^4-[c_{22}d_1+(c_{11}+c_{12}+\beta c_{13})d_2]k^2+(c_{11}+c_{12})c_{22}-c_{13}c_{21}\end{aligned}$$

注意到,对于任意的 k 都有 $D_{12}(k)=\det[\Delta(k,0)]>0$,而表达式 $D_2(k)$ 和 $D_{11}(k)$ 的符号都不确定。

引理 4.9　如果存在一个 $k_*\in\mathbf{Z}^+$ 使得

$$\text{(D4)}\ D_{11}(k_*)<0$$

被满足，则可推导出特征方程(4.90)有一对纯虚根 $\pm i\omega_{k_*}$，其中

$$\omega_{k_*}=\frac{\sqrt{-2D_2(k_*)+2\sqrt{[D_2(k_*)]^2-4D_1(k_*)}}}{2}$$

证明 为了讨论方程(4.93)是否有正实数根，可以令 $z=\omega^2>0$，则方程(4.93)可以被转化为如下的一元二次方程：

$$z^2+D_2(k)z+D_2(k)=0 \tag{4.94}$$

如果存在一个 $k_*\in\mathbf{Z}^+$ 使得 $D_{11}(k_*)<0$ 成立，结合对任意的 k 都有 $D_{12}(k)>0$，则可得出 $D_1(k_*)<0$，进而可推导出方程(4.94)有两个实数根 z_1 和 z_2，其中

$$z_1=\frac{-D_2(k)+\sqrt{[D_2(k)]^2-4D_1(k)}}{2}$$

$$z_2=\frac{-D_2(k)-\sqrt{[D_2(k)]^2-4D_1(k)}}{2}$$

且 $z_1>0>z_2$。显然，可得出无论 $D_2(k)$ 的符号，特征方程(4.90)都有一对纯虚根 $\pm i\omega_{k_*}$，其中

$$\omega_{k_*}=\frac{\sqrt{-2D_2(k_*)+2\sqrt{[D_2(k_*)]^2-4D_1(k_*)}}}{2}$$

从方程组(4.92)中可以计算出关于 $\cos\omega_{k_*}\tau$ 和 $\sin\omega_{k_*}\tau$ 在 $k=k_*$ 处的表达式：

$$\begin{cases}\cos\omega_{k_*}\tau=\dfrac{A_1B_1+A_2B_2}{B_1^2+B_2^2}=Y_1(\omega_{k_*})\\[2ex]\sin\omega_{k_*}\tau=\dfrac{A_1B_2-A_2B_1}{B_1^2+B_2^2}=Y_2(\omega_{k_*})\end{cases} \tag{4.95}$$

这里

$$A_1=d_1d_2k_*^4-(c_{22}d_1+c_{11}d_2)k_*^2+c_{11}c_{22}-\omega_{k_*}^2$$
$$A_2=(d_1+d_2)k_*^2\omega_{k_*}-(c_{11}+c_{22})\omega_{k_*}$$
$$B_1=(\beta c_{13}+c_{12})d_2\omega_{k_*}^2-c_{12}c_{22}+c_{13}c_{21}$$
$$B_2=c_{12}\omega_{k_*}$$

进一步，通过求解方程组(4.95)的第一个方程，对于 $j=0,1,2,\cdots$，给出临界时滞的值：

$$\tau_*^j=\begin{cases}\dfrac{1}{\omega_{k_*}}[\arccos Y_1(\omega_{k_*})+2j\pi],Y_2(\omega_{k_*})\geqslant 0\\[2ex]\dfrac{1}{\omega_{k_*}}[2\pi-\arccos Y_1(\omega_{k_*})+2j\pi],Y_2(\omega_{k_*})<0\end{cases} \tag{4.96}$$

定义 $\lambda(\tau)=\alpha(\tau)+i\omega(\tau)$ 为特征方程(4.90)在 τ_*^j 附近的一个特征根，且满足 $\alpha(\tau_{k_*}^j)=0$，$\omega(\tau_{k_*}^j)=\omega_{k_*}$，$j=0,1,2,\cdots$。

对特征方程(4.90)的两边关于 τ 求导,并进行整理可得

$$\begin{aligned}&\operatorname{Re}\left(\left.\frac{\mathrm{d}\lambda}{\mathrm{d}\tau}\right|_{\tau=\tau_{k_*}^j}\right)^{-1}\\ &=\operatorname{Re}\left(\left.\frac{2\lambda+(d_1+d_2)k^2-(c_{11}+c_{22})-c_{12}\mathrm{e}^{-\lambda\tau}}{[-(\beta c_{13}+c_{12})d_2k^2+c_{12}c_{22}-c_{13}c_{21}-c_{12}\lambda]\lambda\mathrm{e}^{-\lambda\tau}}\right|_{\tau=\tau_{k_*}^j}-\left.\frac{\tau}{\lambda}\right|_{\tau=\tau_{k_*}^j}\right)\\ &=\frac{2w_{k_*}^2+(d_1^2+d_2^2)k_*^4-2(d_1c_{11}+d_2c_{22})k_*^2+c_{11}^2+c_{22}^2-c_{12}^2}{[(\beta c_{13}+c_{12})d_2k_*^2-c_{12}c_{22}+c_{13}c_{21}]^2+c_{12}^2w_{k_*}^2}\\ &=\frac{\sqrt{[D_2(k_*)]^2-4D_1(k_*)}}{[(\beta c_{13}+c_{12})d_2k_*^2-c_{12}c_{22}+c_{13}c_{21}]^2+c_{12}^2w_{k_*}^4}\end{aligned}$$

显然,可推出

$$\operatorname{Re}\left(\left.\frac{\mathrm{d}\lambda}{\mathrm{d}\tau}\right|_{\tau=\tau_{k_*}^j}\right)^{-1}>0$$

因此,容易推导出横截性条件

$$\operatorname{Re}\left(\left.\frac{\mathrm{d}\lambda}{\mathrm{d}\tau}\right|_{\tau=\tau_{k_*}^j}\right)>0$$

成立,即 $\alpha'(\tau_{k_*}^j)>0$,此横截性条件说明的现象与 4.3.2 节的注情况一致,此处不再赘述。

根据以上的分析内容,综合得出下述结果。

定理 4.11　如果条件(D3)和(D4)同时成立,则

(1)当 $\tau\in[0,\tau_{k_*}^0)$ 时,时滞扩散模型(4.76)的唯一的植被存在的稳定平衡点 E_u 是局部渐近稳定的,但当 $\tau\in(\tau_{k_*}^0,+\infty)$ 时,E_u 变得不稳定。

(2)当 $\tau=\tau_{k_*}^j\ (j=0,1,2,\cdots)$ 时,时滞扩散模型(4.76)在 E_u 处经历了空间齐次的霍普夫分岔。

定理 4.10 和定理 4.11 的结果表明,时滞模型和时滞扩散模型均可能出现植被随时间变化的周期振荡模式。

4.3.4　数值模拟

本小节将在一维空间上对时滞模型(4.76)和时滞扩散模型(4.76)进行一系列数值模拟,验证 4.3.2 节和 4.3.3 节的理论结果。此外,进一步分析模型参数对临界时滞值、周期振荡模式的周期和振幅的影响程度。

1. 时滞模型(4.76)的动力学

以下主要通过数值模拟验证定理 4.10 的理论,并研究降水量 p 对临界时滞值 τ_0^0、周期振荡模式的周期和振幅的影响。这里主要关注时滞模型(4.76)发生霍

普夫分岔的行为，因此假设 $d_1=d_2=\beta=0$，并选取参数

$$\sigma=0.8,\ \mu=0.2,\ b=0.2,\ \gamma=1.6,\ p=1.0$$

可计算出唯一的平衡点 $E_u=(0.557,0.762)$，临界时滞 $\tau_0^0=2.41$。当 $\tau=1<\tau_0^0$ 时，图 4.12(a)展示了时滞模型(4.76)的解最终趋于唯一的植被存在的稳定平衡点 E_u，表明 E_u 是局部渐近稳定的；当 $\tau=3>\tau_0^0$ 时，图 4.12(b)展示了植被生物量和土壤含水量随时间推移表现出周期振荡特性，表明时滞模型(4.76)在 E_u 处产生了一族周期解。

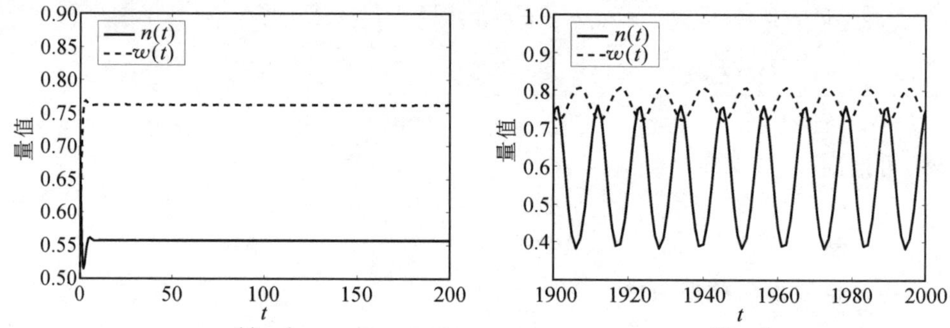

(a) τ=1　　(b) τ=3

图 4.12　时滞模型(4.76)中 $n(t)$ 和 $w(t)$ 的时间序列图

2. 时滞扩散模型(4.76)的动力学

选取参数

$$\sigma=0.8,\mu=0.2,b=0.2,\gamma=1.6,p=1.0,d_1=0.02,d_2=0.2,\beta=2$$

计算出常数稳态解 $E_u=(0.557,0.762)$ 和 $\tau_2^0=4.64$。当 $\tau=1<\tau_2^0$ 时，图 4.13(a)展示了时滞扩散模型(4.76)的解最终趋于唯一的稳态解 E_u，表明 E_u 是局部渐近稳定的。当 $\tau=4.8>\tau_2^0$ 时，图 4.13(b)展示了时滞扩散模型(4.76)的解最终趋于空间齐次的周期解，表明稳态解 E_u 失去了稳定性，即从 E_u 处分支出一族渐近稳定的空间齐次周期解。

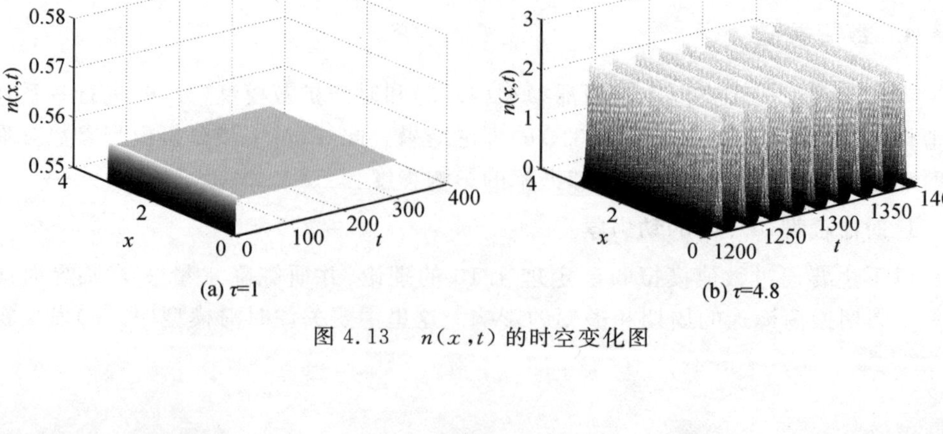

(a) τ=1　　(b) τ=4.8

图 4.13　$n(x,t)$ 的时空变化图

考虑到干旱和半干旱地区的幼年植被与成年植被之间存在着竞争土壤水资源的现象，所以本节构建了一个具有种内竞争时滞的植被-水模型。通过进行动力系统理论分析，得到对应的常微分方程模型存在一个植被灭绝平衡点 E_0，并给出唯一的植被存在的稳定平衡点的判定条件。接着，分析了时滞模型在唯一的植被存在的稳定平衡点 E_u 处发生霍普夫分岔的条件，并计算出独立于空间扩散的临界时滞值 $\tau_0^j(j=0,1,2,\cdots)$。同时，计算了依赖于空间扩散的临界时滞值 $\tau_{k_*}^j$。研究发现，当时滞值大于依赖于空间扩散的临界时滞时，时滞扩散模型在 E_u 处会出现空间齐次的霍普夫分岔。数值模拟进一步验证了植被随时间的推移呈现周期振荡模式。这为解释干旱、半干旱地区植被生物量的周期振荡变化提供了新的理论视角，同时也为该地区植被系统的保护与治理提供了理论依据。

参考文献

[1] GILAD E, VON HARDENBERG J, PROVENZALE A, et al. Ecosystem engineers: from pattern formation to habit creation[J/OL]. Physical review letter, 2004, 93: 098105 [2024 - 11 - 2]. https://journals. aps. org/prl/abstract/10. 1103/PhysRevLett. 93. 098105. DOI: 10. 1103/PhysRevLett. 93. 098105.

[2] MERON E. Modelling dryland landscapes[J]. Mathematical modelling of natural phenomena, 2011, 6: 163 - 187.

[3] KOBAYASHI H, DYE D G. Atmospheric conditions for monitoring the long-term vegetation dynamics in the Amazon using normalized difference vegetation index[J]. Remote sensing environment, 2005, 97: 519 - 525.

[4] PENG F, FAN W J, XU X, et al. Analysis on temporal-spatial change of vegetation coverage in Hulunbuir Steppe (2000—2014) [C]//2016 IEEE international geoscience and remote sensing symposium (IGARSS), July 10 - 15, 2016, Beijing, China. Piscataway, New Jersey: IEEE, 2016: 4514 - 4517.

[5] KLAUSMEIER C A. Regular and irregular patterns in semiarid vegetation [J]. Science, 1999, 284: 1826 - 1828.

[6] LI J, SUN G Q, JIN Z. Interactions of time delay and spatial diffusion induce the periodic oscillation of the vegetation system [J]. Discrete and continuous dynamical systems-B, 2022, 27(4): 2147 - 2172.

[7] RUAN S, WEI J. On the zeros of a third degree exponential polynomial with applications to a delayed model for the control of testosterone secretion[J]. IMA journal of mathematics applied medicine biology, 2001, 18: 41 - 52.

[8] GETZIN S, WIEGAND K, WIEGAND T, et al. Adopting a spatially

explicit perspective to study the mysterious fairy circles of Namibia[J]. Ecography, 2015, 38: 1-11.

[9] STELT S V, DOELMAN A, HEK G, et al. Rise and fall of periodic patterns for generalized Klausmeier-Gray-Scott model [J]. Journal of nonlinear science, 2013, 23: 39-65.

[10] VON HARDENBERG J, MERON E, SHACHAK M, et al. Diversity of vegetation patterns and desertification [J/OL]. Physical review letter, 2001,87: 198101[2024-11-2]. https://journals.aps.org/prl/abstract/10.1103/PhysRevLett.87.198101. DOI:10.1103/PhysRevLett.87.198101.

[11] MERON E, GILAD E, VON HARDENBERG J, et al. Vegetation patterns along a rainfall gradient[J]. Chaos solitons & fractals, 2004, 19: 367-376.

[12] BONACHELA J A, PRINGLE R M, SHEFFER E T, et al. Termite mounds can increase the robustness of dryland ecosystems to climatic change[J]. Science, 2014, 347: 651-655.

[13] LI J, SUN G Q, GUO Z G. Bifurcation analysis of an extended Klausmeier-Gray-Scott model with infiltration delay [J]. Studies in applied mathematics, 2022, 148(4): 1519-1542.

[14] GUCKENHEIMER J, HOLMES P. Nonlinear oscillations, dynamical systems, and bifurcations of vector fields [M]. Heidelberg: Springer-Verlag, 2013.

[15] YUAN R, JIANG W, WANG Y. Saddle-node-Hopf bifurcation in a modified Leslie-Gower predator-prey model with time-delay and prey harvesting[J]. Journal of mathematical analysis and application, 2015, 422 (2): 1072-1090.

[16] WANG Y, SHIYOMI M, TSUIKI M, et al. Spatial heterogeneity of vegetation under different grazing intensities in the Northwest Heilongjiang Steppe of China[J]. Agriculture ecosystems & environment, 2002, 90(3): 217-229.

[17] QASIM S, GUL S, SHAH M H, et al. Influence of grazing exclosure on vegetation biomass and soil quality [J]. International soil water and conservation research, 2017, 5(1): 62-68.

[18] 李静，孙桂全，靳祯. 种内竞争时滞对植被周期振荡模式的影响研究[J]. 应用数学和力学, 2022, 43(6): 669-681.

第 5 章　时空时滞种群模型的构建与斑图动力学研究

5.1　具有非局部捕食效应的藻类-贻贝模型

海岸带作为连接陆地与海洋的过渡区域，拥有丰富的生物资源、景观和空间资源。在我国，海岸带地区往往也是人口与经济的核心承载区，如珠江三角洲、长江三角洲等沿海城市群。然而海岸带生态系统作为沿海经济带最重要的生态安全屏障，正面临着经济迅速发展和人类活动日益频繁等多重压力，其生态结构和功能遭受着前所未有的威胁和挑战。因此，对海岸带生态系统进行深入研究变得尤为紧迫。贻贝作为海岸潮间带上的常见物种，广泛分布于海岸的高潮区至低潮区，形成了尺度在 1～100 m 之间的具有规律的空间分布结构。这些贻贝不仅是食物链网络的重要环节，还为人类提供了丰富的食物资源。Koppel 等的研究表明，在外界扰动的作用下，生物种群的空间异质性分布通常比均匀分布更具抵抗力和恢复力[1]。因此，深入研究影响贻贝空间斑图的因素能够为维护海岸带生态系统的可持续发展提供理论依据和实践建议。

为了研究贻贝种群空间斑图的变化规律，生物和数学领域的科研工作者已开展了相关研究。Koppel 等根据藻类的生长规律及藻类与贻贝之间的捕食关系，首次提出了一个反应扩散模型来刻画贻贝在瓦登海潮间带形成的规则空间斑图及其自组织演化过程[1]。Wang 等对空间斑图的形成进行了详细的数学分析，发现空间分布模式是非线性项作用的结果，并指出具有不同波长、振幅和运动速度的多种尺度空间模式可以共存[2]。Liu 等构建了一个包含贻贝、藻类和软沉积物的三变量反应扩散对流模型，分析了自然界中贻贝聚集形成的空间分布模式，并表明这种空间分布模式显著提高了贻贝生态系统的复原力[3]。Cangelosi 等利用弱非线性扩散不稳定方法，研究了藻类-贻贝模型发生图灵失稳的条件[4]。Song 等采用反应扩散方程的规范型理论，研究了不考虑对流项的藻类-贻贝模型的余维二的图灵-霍普夫分岔[5]。Shen 和 Wei 通过在藻类-贻贝模型中引入时滞效应，提出了在特定时滞参数范围内，模型可产生霍普夫分岔、图灵分岔和图灵-霍普夫分岔。

然而，现有研究大多数假设贻贝捕食藻类的过程发生在同一位置的贻贝与藻类之间。事实上，某一位置贻贝生物量的增加通常是由其他位置的贻贝移动到此处并捕食藻类引起的，这意味着贻贝与藻类之间存在非局部捕食效应。这一过程无法直接用经典的反应扩散方程来描述，因此迫切需要采用其他的动力学方程进行刻画，并进一步分析非局部捕食效应对贻贝空间斑图的影响。

5.1.1 模型建立

在海岸带生态系统中，贻贝通过捕食藻类来促进种群生长，贻贝对藻类的捕食发生在低潮区。藻类在表水层和深水层之间可发生交换，而海水的潮流引起藻类的水平漂移可用梯度算子 $\frac{\partial \rho_A}{\partial x}$ 与对流常数 V 的乘积来表示。Koppel 等假设藻类和贻贝之间存在的捕食与被捕食之间的相互作用可用线性功能反应项进行刻画[1]。贻贝种群的损失主要来自自身被其他海洋生物种群捕食或被海浪驱逐的情况，捕食率和驱逐率主要由局部位置贻贝种群的密度决定。当贻贝种群变得更加密集时，贻贝被捕食和被海浪驱逐的情况会减少，故可用饱和项 $\frac{k_M}{k_M+\rho_M}$ 来表示这一过程①。此外，假设贻贝种群的移动是随机的，因此采用经典的拉普拉斯算子 $\nabla^2\rho_M=\frac{\partial^2\rho_M}{\partial x^2}+\frac{\partial^2\rho_M}{\partial y^2}$ 来描述贻贝的扩散行为。基于上述假设和描述，他们提出了一个藻类和贻贝相互作用的空间种群动力学模型：

$$\begin{cases}\dfrac{\partial \rho_A}{\partial t}=(\rho_A^{up}-\rho_A)f-\dfrac{c}{h}\rho_A\rho_M-V\dfrac{\partial \rho_A}{\partial x}\\ \dfrac{\partial \rho_M}{\partial t}=ec\rho_A\rho_M-d_M\dfrac{k_M}{k_M+\rho_M}\rho_M+D_M\nabla^2\rho_M\end{cases}\tag{5.1}$$

其中，ρ_A 表示海水中藻类的浓度；ρ_M 表示贻贝种群的密度；其他的参数说明见表 5.1。

表 5.1 模型(5.1)的参数说明

参数	描述	参数	描述
ρ_A^{up}	表水层中藻类的浓度	e	摄入藻类到贻贝产量的转换常数
f	表水层海水与深水层海水的交换率	d_M	贻贝的最大单位死亡率
c	贻贝对藻类的消耗速率常数	k_M	贻贝的饱和常数
h	深水层的高度	D_M	贻贝的扩散系数

事实上，由鞭毛运动的游动机制引起的主动横向扩散及其在表水层和深水层的垂直扩散共同构成了藻类的随机扩散。因此，在上述模型(5.1)的第一个方程中引入 $D_A\nabla^2\rho_A$，其中 D_A 表示藻类的扩散系数。为了更深入地理解两种群的随机扩散对藻类和贻贝模型相互作用的影响，忽略藻类的对流项，即假设 $V=0$。考虑

① 字母含义详见模型(5.1)以下的参数说明。

到贻贝能够随着潮水流动进行随机扩散，并且扩散需要一定时间完成，则假设 $t-s$ 时刻在 y 位置的贻贝经过 s 段时间后在 t 时刻到达 x 位置，并捕食此位置的藻类引起了 t 时刻 x 位置贻贝种群生物量的增加。为了对这种非局部捕食效应进行建模，将在模型(5.1)的贻贝方程中引入时空卷积算子：

$$(G*M)(x,t)=\int_{\mathbf{R}^2}\int_{-\infty}^{t}G(x-y,t-s)M(y,s)\mathrm{d}s\mathrm{d}y$$

其中，$G(x-y,t-s)$ 表示 $t-s$ 时刻和 y 位置的贻贝种群密度对 t 时刻和 x 位置的贻贝种群密度的影响大小，且从 y 位置移动到 x 位置所需要的时间是 s。

综上所述，建立如下具有非局部捕食效应的藻类-贻贝模型[7]：

$$\begin{cases}\dfrac{\partial\rho_{\mathrm{A}}}{\partial t}=(\rho_{\mathrm{A}}^{\mathrm{up}}-\rho_{\mathrm{A}})f-\dfrac{c}{h}\rho_{\mathrm{A}}\rho_{\mathrm{M}}+D_{\mathrm{A}}\nabla^2\rho_{\mathrm{A}}\\ \dfrac{\partial\rho_{\mathrm{M}}}{\partial t}=ec\rho_{\mathrm{A}}(G*\rho_{\mathrm{M}})-d_{\mathrm{M}}\dfrac{k_{\mathrm{M}}}{k_{\mathrm{M}}+\rho_{\mathrm{M}}}+D_{\mathrm{M}}\nabla^2\rho_{\mathrm{M}}\end{cases}\tag{5.2}$$

其中，$(x,t)\in\mathbf{R}^2\times(-\infty,+\infty)$；$M(y,s)$ 表示 s 时刻 y 位置贻贝种群的密度；核函数 $G(x,t)$ 是可积函数，假设有如下形式：

$$G(x,t)=\frac{1}{4\pi t}\mathrm{e}^{-\frac{|x|^2}{4t}}\frac{1}{\tau}\mathrm{e}^{-\frac{t}{\tau}}$$

由于上述模型(5.2)对应的特征方程较难求解，因此直接利用图灵失稳理论分析模型(5.2)是比较困难的。根据 Yang 和 Xu 的方法[8]，通过引入变换 $P(x,t)=(G*M)(x,t)$，可将模型(5.2)转化为如下的三变量反应扩散模型：

$$\begin{cases}\dfrac{\partial\rho_{\mathrm{A}}}{\partial t}=(\rho_{\mathrm{A}}^{\mathrm{up}}-\rho_{\mathrm{A}})f-\dfrac{c}{h}\rho_{\mathrm{A}}\rho_{\mathrm{M}}+D_{\mathrm{A}}\nabla^2\rho_{\mathrm{A}}\\ \dfrac{\partial\rho_{\mathrm{M}}}{\partial t}=ec\rho_{\mathrm{A}}P-d_{\mathrm{M}}\dfrac{k_{\mathrm{M}}}{k_{\mathrm{M}}+\rho_{\mathrm{M}}}+D_{\mathrm{M}}\nabla^2\rho_{\mathrm{M}}\\ \dfrac{\partial P}{\partial t}=\dfrac{1}{\tau}(\rho_{\mathrm{M}}-P)+\nabla^2P\end{cases}\tag{5.3}$$

为了减少上述模型的参数，对模型(5.3)进行无量纲化处理，即令

$$a=\frac{\rho_{\mathrm{A}}}{\rho_{\mathrm{A}}^{\mathrm{up}}},\ m=\frac{\rho_{\mathrm{M}}}{k_{\mathrm{M}}},\ p=\frac{P}{k_{\mathrm{M}}}$$

则得到如下的无量纲模型：

$$\begin{cases}\dfrac{\partial a}{\partial t}=\gamma(1-a)-\theta am+d_1\nabla^2a\\ \dfrac{\partial m}{\partial t}=\delta ap-\dfrac{m}{1+m}+d_2\nabla^2m\\ \dfrac{\partial p}{\partial t}=\xi(m-p)+d_3\nabla^2p\end{cases}\tag{5.4}$$

其中，$\gamma=\dfrac{f}{d_{\mathrm{M}}}$，$\theta=\dfrac{ck_{\mathrm{M}}}{hd_{\mathrm{M}}}$，$\delta=\dfrac{ec\rho_{\mathrm{A}}^{\mathrm{up}}}{d_{\mathrm{M}}}$，$\xi=\dfrac{1}{\tau d_{\mathrm{M}}}$，$d_1=\dfrac{D_{\mathrm{A}}}{d_{\mathrm{M}}}$，$d_2=\dfrac{D_{\mathrm{M}}}{d_{\mathrm{M}}}$，$d_3=\dfrac{1}{d_{\mathrm{M}}}$。

5.1.2 平衡点及其稳定性

当不考虑藻类和贻贝的扩散时，模型(5.4)退化为如下的常微分方程模型：

$$\begin{cases}\dfrac{\mathrm{d}a}{\mathrm{d}t}=\gamma(1-a)-\theta am\\ \dfrac{\mathrm{d}m}{\mathrm{d}t}=\delta ap-\dfrac{m}{1+m}\\ \dfrac{\mathrm{d}p}{\mathrm{d}t}=\xi(m-p)\end{cases}\tag{5.5}$$

令上述模型的右端项为关于 a、m、p 的函数，记为

$$f_1(a,m,p)=\gamma(1-a)-\theta am$$

$$f_2(a,m,p)=\delta ap-\frac{m}{1+m}$$

$$f_3(a,m,p)=\xi(m-p)$$

为了求解模型(5.5)的平衡点，可以令 $f_1(a,m,p)=0$，$f_2(a,m,p)=0$ 和 $f_3(a,m,p)=0$，可推出模型(5.5)始终存在一个贻贝灭绝平衡点 $E_0=(1,0,0)$。如果条件

$$(\mathrm{H0})\ 1<\delta<\frac{\theta}{\gamma}，或(\mathrm{H1})\ \frac{\theta}{\gamma}<\delta<1$$

成立，则模型(5.5)还存在一个贻贝生存平衡点 $E^*=(a^*,m^*,p^*)$，其中

$$a^*=\frac{\theta-\gamma\delta}{\delta(\theta-\gamma)}>0,\ m^*=p^*=\frac{\gamma(\delta-1)}{\theta-\gamma\delta}>0$$

通过计算可得模型(5.5)在贻贝灭绝平衡点 E_0 处的雅可比矩阵为

$$\boldsymbol{J}|_{E_0}=\begin{bmatrix}-\gamma & -\theta & 0\\ 0 & -1 & \delta\\ 0 & \xi & -\xi\end{bmatrix}\tag{5.6}$$

则对应的特征方程为

$$|\lambda\boldsymbol{I}-\boldsymbol{J}|_{E_0}|=(\lambda+\gamma)[\lambda^2+(\xi+1)\lambda+\xi(1-\delta)]=0$$

其中，$\boldsymbol{I}$ 为单位矩阵。

显然，可获得其中一个特征根为

$$\lambda_1=-\gamma<0$$

剩余两个特征根满足

$$\lambda_2+\lambda_3=-(\xi+1)<0$$

$$\lambda_2\lambda_3=\xi(1-\delta)$$

若条件

$$(\mathrm{H2})\ \delta < 1$$

成立，则贻贝灭绝平衡点 E_0 是局部渐近稳定的。否则，贻贝灭绝平衡点 E_0 是不稳定的。

进一步，通过求解可获得模型(5.5)在贻贝生存平衡点 E^* 处的雅可比矩阵为

$$\boldsymbol{J}|_{E^*}=\begin{bmatrix} a_{11} & a_{12} & a_{13} \\ a_{21} & a_{22} & a_{23} \\ a_{31} & a_{32} & a_{33} \end{bmatrix} \tag{5.7}$$

其中

$$a_{11}=\left.\frac{\partial f_1}{\partial a}\right|_{E^*}=-(\theta m^*+\gamma),\ a_{12}=\left.\frac{\partial f_1}{\partial m}\right|_{E^*}=-\theta a^*$$

$$a_{13}=\left.\frac{\partial f_1}{\partial p}\right|_{E^*}=0,\ a_{21}=\left.\frac{\partial f_2}{\partial a}\right|_{E^*}=\delta p^*$$

$$a_{22}=\left.\frac{\partial f_2}{\partial m}\right|_{E^*}=-\frac{1}{(1+m^*)^2},\ a_{23}=\left.\frac{\partial f_2}{\partial p}\right|_{E^*}=\delta a^*$$

$$a_{31}=\left.\frac{\partial f_3}{\partial a}\right|_{E^*}=0,\ a_{32}=\left.\frac{\partial f_3}{\partial m}\right|_{E^*}=\xi,\ a_{33}=\left.\frac{\partial f_3}{\partial p}\right|_{E^*}=-\xi$$

进一步推导出对应的特征方程为

$$|\lambda E-\boldsymbol{J}|_{E^*}|=\lambda^3+a_2\lambda^2+a_1\lambda+a_0=0 \tag{5.8}$$

其中

$$a_0=\frac{\xi m^*(\theta-\gamma)}{(1+m^*)^2}$$

$$a_2=\frac{(1+m^*)^2(\theta m^*+\xi+\gamma)+1}{(1+m^*)^2}>0$$

$$a_1=\frac{\xi(1+m^*)^2(\theta m^*+\gamma)[\theta(m^*)^2+2\theta m^*-\xi m^*+\gamma]}{(1+m^*)^2}$$

通过分析，若条件(H0)成立，则有 $a_0>0$。同时设 $\Delta_1=a_2a_1-a_0$，且记

$$\Delta_1=A_2\theta^2+A_1\theta+A_0$$

其中

$A_2=(m^*)^2(1+m^*)^2[\xi(1+m^*)^2+m^*+2]>0$

$A_1=(1+m^*)^2[2\xi(1+m^*)^2+m^*+3]\gamma+\xi(1+m^*)^2[\xi(1+m^*)^2+2]+m^*+2>0$

$A_0=[\xi(1+m^*)^2+1][\gamma(1+m^*)^2(\xi+\gamma)-\xi m^*+\gamma]$

若条件

$$(\mathrm{H3})\ \delta<\frac{\xi+\theta}{\xi+\gamma}$$

成立，则得到 $A_0 > 0$，显然，可推出 $\Delta_1 > 0$。根据劳斯-赫尔维茨判据(Routh-Hurwitz criterion)[9]，即当特征方程(5.8)对应的 $a_2 > 0$，$a_0 > 0$ 和 $\Delta_1 > 0$ 时，其所有特征根的实部都是负值，从而表明 E^* 是局部渐近稳定的。

在图 5.1 中，决定 E^* 存在的临界条件 $\delta = 1$，$\delta = \theta/\gamma$ 和保持 E^* 局部渐近稳定的条件 $\delta = (\xi + \theta)/(\xi + \gamma)$ 把参数空间 θ-δ 划分成 4 个区域：在区域 D_1 中，E_0 是局部渐近稳定的；而当 $(\theta, \delta) \in D_2 \cup D_3 \cup D_4$ 时，E_0 变得不稳定；在 $(\theta, \delta) \in D_2 \cup D_3$ 时，模型(5.5)还存在一个 E^*，且在区域 D_2 中 E^* 是局部渐近稳定的①。

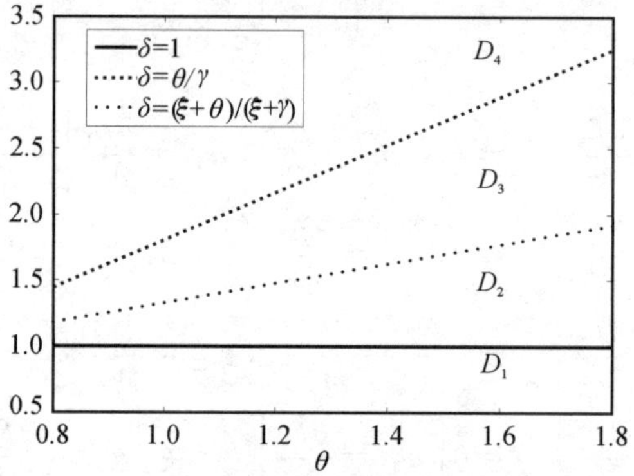

图 5.1 模型(5.5)的双参数分岔图，其余参数为 $\gamma = 0.554$，$\xi = 0.8$

5.2 斑图动力学

5.2.1 图灵失稳理论

对于海岸带上的贻贝生态模型，本节将主要研究贻贝的持续生存及在潮间带上的空间斑图等情况。因此，研究模型(5.4)在贻贝生存平衡点 E^* 处的图灵失稳理论，旨在揭示空间斑图存在的条件。根据 5.1.2 节的分析，易知 E^* 满足方程组

$$\begin{cases} f_1(a^*, m^*, p^*) = 0 \\ f_2(a^*, m^*, p^*) = 0 \\ f_3(a^*, m^*, p^*) = 0 \end{cases}$$

通过在 E^* 处对模型(5.4)进行泰勒级数展开，并忽略高阶非线性项，可获得以下的线性模型：

① E^* 和 E_0 在图上画不出来，但是根据模型(5.5)下面求解平衡点的条件及平衡点稳定的条件，可以判断出来在 D_1 至 D_4 的区间存在哪一类平衡点。

$$\begin{cases}\dfrac{\partial a}{\partial t}=a_{11}(a-a^*)+a_{12}(m-m^*)+a_{13}(p-p^*)+d_1\nabla^2 a\\ \dfrac{\partial m}{\partial t}=a_{21}(a-a^*)+a_{22}(m-m^*)+a_{23}(p-p^*)+d_2\nabla^2 m\\ \dfrac{\partial p}{\partial t}=a_{31}(a-a^*)+a_{32}(m-m^*)+a_{33}(p-p^*)+d_3\nabla^2 p\end{cases}\tag{5.9}$$

进一步，为了对 $E^*=(a^*,m^*,p^*)$ 作非均匀时空微扰，则可令

$$\begin{bmatrix}a\\ m\\ p\end{bmatrix}=\begin{bmatrix}a^*\\ m^*\\ p^*\end{bmatrix}+\sum_k\begin{bmatrix}c_k^1\\ c_k^2\\ c_k^3\end{bmatrix}e^{\lambda t+i\boldsymbol{k}\cdot\boldsymbol{r}}\tag{5.10}$$

其中，c_k^1、c_k^2、c_k^3 均表示扰动系数；λ 表示在 t 时刻的扰动增长率；i 是虚数单位；$\boldsymbol{r}=(x,y)$ 表示二维空间向量；$\boldsymbol{k}=(k_x,k_y)$ 是二维波数向量，且令 $k=\sqrt{k_x^2+k_y^2}$ 作为波数。

将方程(5.10)代入线性模型(5.9)中，可推导出如下的矩阵方程：

$$\lambda\begin{bmatrix}c_k^1\\ c_k^2\\ c_k^3\end{bmatrix}=\begin{bmatrix}a_{11}-d_1k^2 & a_{12} & a_{13}\\ a_{21} & a_{22}-d_2k^2 & a_{23}\\ a_{31} & a_{32} & a_{33}-d_3k^2\end{bmatrix}\tag{5.11}$$

整理后可得到下面的特征方程：

$$\lambda^3+b_2(k)\lambda^2+b_1(k)\lambda+b_0(k)=0\tag{5.12}$$

其中

$$b_2(k)=(d_1+d_2+d_3)k^2+a_2$$

$$\begin{aligned}b_1(k)=\ &(d_1d_2+d_1d_3+d_2d_3)k^4-[(a_{11}+a_{22})d_3+(a_{22}+a_{33})d_1+\\ &(a_{11}+a_{33})d_2]k^2+a_1\end{aligned}$$

$$\begin{aligned}b_0(k)=\ &d_1d_2d_3k^6-(a_{11}d_2d_3+a_{22}d_1d_3+a_{33}d_1d_2)k^4+[(a_{11}a_{22}-a_{12}a_{21})d_3+\\ &a_{11}a_{33}d_2+(a_{22}a_{33}-a_{23}a_{32})d_1]k^2+a_0\end{aligned}$$

令 $T(k)=b_2(k)b_1(k)-b_0(k)$，可计算出

$$T(k)=T_3k^6+T_2k^4+T_1k^2+T_0\tag{5.13}$$

其中

$$T_3=(d_2+d_3)(d_1+d_3)(d_1+d_2)>0$$

$$\begin{aligned}T_2=&-[2(d_1d_2+d_1d_3+d_2d_3)(a_{11}+a_{22}+a_{33})+\\ &d_1^2(a_{22}+a_{33})+d_2^2(a_{11}+a_{33})+d_3^2(a_{11}+a_{22})]<0\end{aligned}$$

$$T_1=d_1(a_{22}+a_{33})^2+d_2(a_{11}+a_{33})^2+d_3(a_{11}+a_{22})^2+2(d_1+d_3)a_{11}a_{33}+$$

$(d_1+d_2)(2a_{11}a_{22}-a_{12}a_{21})+(d_2+d_3)(2a_{22}a_{33}-a_{23}a_{32})$

$T_0=\Delta_1$

通过对特征方程(5.12)的系数进行分析,发现对于任意的 $k>0$,因为 $a_2>0$,所以可得 $b_2(k)>0$,但 $b_0(k)$、$b_1(k)$ 和 $T(k)$ 的正负不确定。接下来讨论模型(5.4)发生图灵失稳的条件,进而分析贻贝的空间斑图。

定理 5.1 如果条件(H0)和(H3)成立,同时下列条件

(C1) $C_1<0$

和

$$(\text{C2})\ -2\sqrt{(C_2^2-3C_1C_3)^3}-9C_1C_2C_3+27C_3^2C_0+2C_2^3<0$$

都成立,则存在 $k>0$,使得模型(5.4)的贻贝生存平衡点 E^* 变得不稳定。

证明 通过对模型(5.4)在贻贝生存平衡点 E^* 处进行时空线性化,可推导出相应的特征方程(5.12),且对于任意的 $k>0$,都有 $b_2(k)>0$。考虑到 $b_0(k)$ 的正负不确定,设 $K=k^2$,则

$$b_0(K)=C_3K^3+C_2K^2+C_1K+C_0 \tag{5.14}$$

其中

$$C_3=d_1d_2d_3>0$$
$$C_2=-(a_{11}d_2d_3+a_{22}d_1d_3+a_{33}d_1d_2)<0$$
$$C_1=(a_{11}a_{22}-a_{12}a_{21})d_3+a_{11}a_{33}d_2+(a_{22}a_{33}-a_{23}a_{32})d_1$$
$$C_0=a_0$$

而且当条件(H0)成立时,有 $C_0=a_0>0$。由于 K 的三次项前面的系数 $C_3>0$,则

$$\lim_{K\to+\infty}b_0(K)=+\infty,\ \lim_{K\to-\infty}b_0(K)=-\infty$$

对函数 $b_0(k)$ 求解一阶导数,可得

$$b'_0(K)=3C_3K^2+2C_2K+C_1$$

可获得极值点

$$K_1=\frac{-C_2-\sqrt{C_2^2-3C_1C_3}}{3C_3}$$

$$K_2=\frac{-C_2+\sqrt{C_2^2-3C_1C_3}}{3C_3}$$

且满足 $K_1<K_2$。进一步计算其二阶导数,可得

$$b''_0(K_1)=2(3C_3K_1+C_2)<0$$
$$b''_0(K_2)=2(3C_3K_2+C_2)>0$$

可知 K_1 和 K_2 分别是极大值点和极小值点,且对应的极小值为

$$b_0(K_2)=-2\sqrt{(C_2^2-3C_1C_3)^3}-9C_1C_2C_3+27C_3^2C_0+2C_2^3$$

如果条件(C1)成立，有 $K_2>0>K_1$。进一步可得极小值 $b_0(K_2)<0$，并结合 $b_0(0)=a_0>0$，这表明了存在 $k>0$，使得 $b_0(k)<0$。根据劳斯-赫尔维茨判据，可知模型(5.4)的贻贝生存平衡点 E^* 失去稳定性。

定理 5.2　如果条件(H0)和(H3)成立，同时下列条件

(B1) $T_1<0$

和

(B2) $-2\sqrt{(T_2^2-3T_1T_3)^3}-9T_1T_2T_3+27T_3^2T_0+2T_2^3<0$

都成立，则存在 $k>0$，使得模型(5.4)的贻贝生存平衡点 E^* 失去稳定性。

其证明过程与定理 5.1 的证明过程类似，此处不再详细叙述。

定理 5.3　如果条件(H0)和(H3)成立，同时下列条件

(D1) $T_1>0$，(D2) $T_2^2-3T_1T_3>0$

和

(D3) $-2\sqrt{(T_2^2-3T_1T_3)^3}-9T_1T_2T_3+27T_3^2T_0+2T_2^3<0$

都成立，则存在 $k>0$，使得模型(5.4)的贻贝生存平衡点 E^* 变得不稳定。

证明　对于模型(5.4)对应的特征方程(5.12)，$T(k)$ 的符号大小不确定。通过令 $K=k^2$，T 可写成下面的形式：

$$T(K)=T_3K^3+T_2K^2+T_1K+T_0 \tag{5.15}$$

由条件(H3)成立，有 $T_0=\Delta_1>0$。由 K 的三次项的系数 $T_3>0$，可推导出

$$\lim_{K\to+\infty}T(K)=+\infty,\ \lim_{K\to-\infty}T(K)=-\infty$$

利用 $T(K)$ 对 K 的一阶导数为 0，即 $T'(K)=0$，可计算出两个极值点

$$K_1=\frac{-T_2-\sqrt{T_2^2-3T_1T_3}}{3T_3}$$

$$K_2=\frac{-T_2+\sqrt{T_2^2-3T_1T_3}}{3T_3}$$

且满足 $K_1<K_2$。

如果条件(D1)和(D2)成立，可推导出 $K_2>K_1>0$。进一步，根据这两个极值点在 $T''(K)$ 的符号，即

$$T''(K_1)=2(3T_3K_1+T_2)<0$$

$$T''(K_2)=2(3T_3K_2+T_2)>0$$

可知 K_1 和 K_2 分别是极大值点和极小值点，且对应的极小值为

$$T(K_2)=-2\sqrt{(T_2^2-3T_1T_3)^3}-9T_1T_2T_3+27T_3^2T_0+2T_2^3$$

如果条件(D3)成立,可获得极小值 $T(K_2)<0$,并结合 $T(0)>0$,这表明存在 $k>0$,使得 $T(k)<0$。根据劳斯-赫尔维茨判据,可知模型(5.4)的贻贝生存平衡点 E^* 变得不稳定。

综上所述,根据定理 5.1 至定理 5.3 的分析,模型(5.4)发生图灵失稳的首要条件是(H0)和(H3)。进一步还需要满足条件(C1)和(C2),或者条件(B1)和(B2),或者条件(D1)(D2)和(D3)。

对于上述条件,只要满足其中任意一组条件,模型(5.4)就会发生图灵失稳。在前述内容中,已知对任意的 k 都有 $b_2(k)>0$ 成立。因此,探讨图灵失稳的发生条件,实际上就是判断式(5.14)的 $b_0(K)$ 和式(5.15)的 $T(K)$ 与波数平方 $K=k^2$ 之间的关系。通过数值模拟可以发现,$b_0(K)<0$ 的范围随着非局部捕食效应 ξ 或者藻类的扩散速率 d_1 的增加而逐渐扩大,而 $b_0(K)<0$ 只在贻贝对藻类消耗率 $\theta=1.0$ 时才成立,这表明非局部捕食效应和藻类的扩散速率的变化有助于模型发生图灵失稳,从而维持贻贝的空间斑图。此外,数值模拟还表明,对所有的 $K>0$ 都有 $T(K)>0$ 成立,这意味着由于 $T(K)$ 的表达式比较复杂,满足条件(B1)和(B2)以及条件(D1)(D2)和(D3)的图灵失稳条件的参数组合比较难以寻找,但理论上是存在的[7]。

5.2.2 主要数值结果

为了直观地展示贻贝的空间斑图分布结构,采用向前差分格式在无量纲情况下对模型(5.4)进行数值模拟。具体步骤如下:首先,对时间进行离散化,并设定时间步长 $\Delta t=0.005$;其次,利用网格剖分的方式把二维空间区域均匀地划分成 $M\times M$ 个格子,其中二维空间两个方向的长度和格子单元两个方向的长度分别设置为 $L_x=L_y=100$ 和 $\Delta x=\Delta y=1$;最后,利用向前差分格式在离散空间区域上求解模型(5.4)。在数值模拟过程中,当贻贝的空间斑图不再随时间变化则表示模拟结束。

1. 空间斑图

当参数取 $\gamma=0.554$,$\theta=1.1$,$\xi=0.8$,$\delta=1.40$,$d_1=1.2$,$d_2=0.04$,$d_3=0.02$ 时,图 5.2(a)至(d)展示了贻贝在空间中的分布随时间变化的过程,其中图 5.2(d)代表最终形成的空间斑图。在初始时刻,贻贝种群在空间中均匀分布;随着时间的推移,贻贝种群逐渐在空间中聚集成条状结构,且在少数位置密度较高;之后,贻贝种群进一步聚集成许多非常紧密的小群体;最终形成高密度点状斑图。

该过程直观地展示了自然界中的贻贝在空间中的聚集行为。

图 5.3 更清晰地展示了当贻贝和藻类的空间斑图达到稳定时，贻贝的密度和藻类的浓度在空间中 x 轴方向上呈现振荡分布模式。进一步分析发现，贻贝和藻类的空间分布呈现反相位模式，这是由贻贝与藻类之间的捕食与被捕食关系所决定的。当位置 x 固定时，贻贝的密度和藻类的浓度在空间中 y 轴方向上也表现出类似的振荡行为。

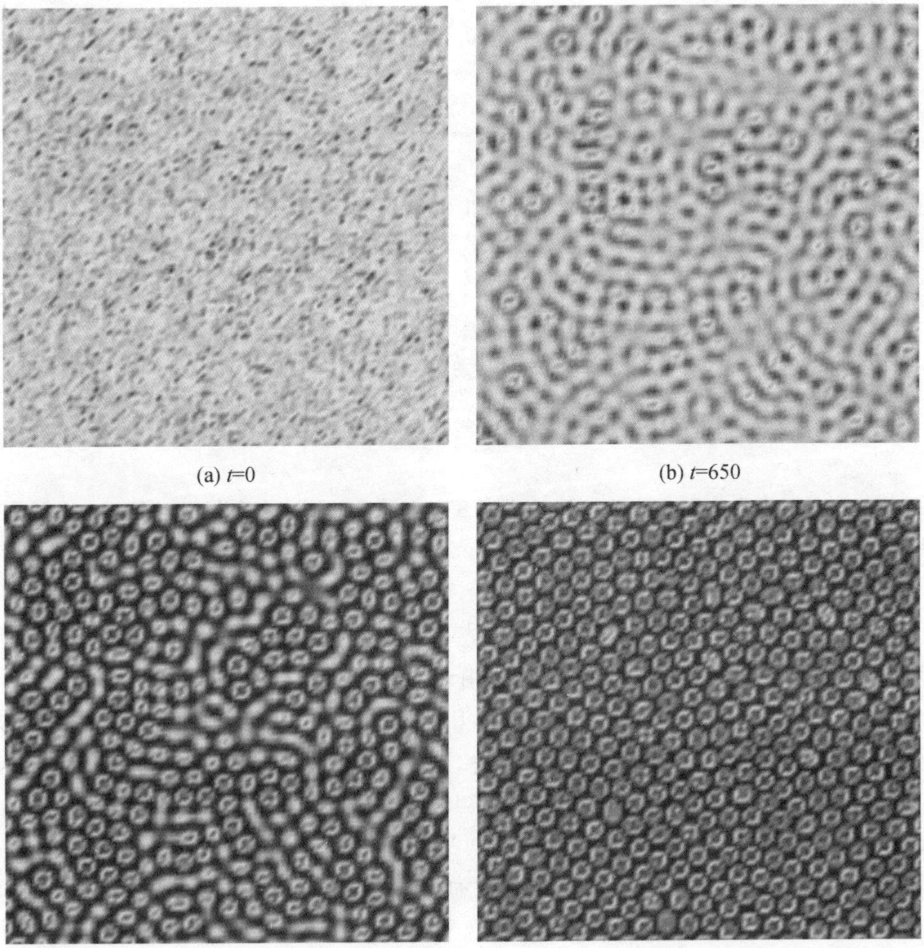

(a) t=0　(b) t=650　(c) t=880　(d) t=3000

图 5.2　贻贝的空间斑图随时间变化的过程

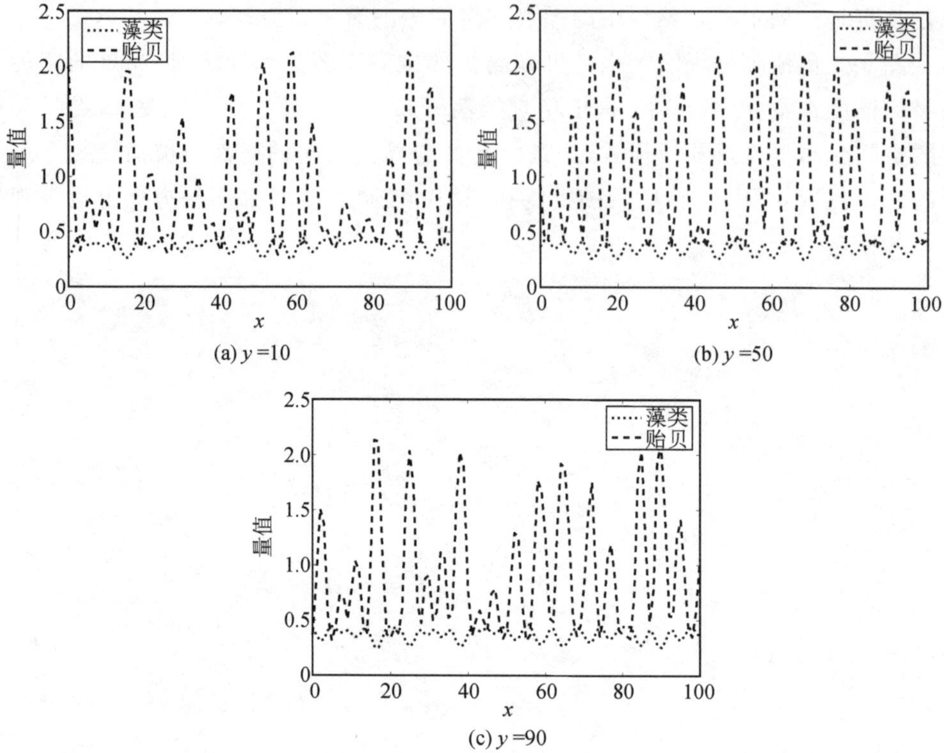

图 5.3 在空间位置 y 固定的情形下，贻贝的密度和藻类的浓度在空间中 x 轴方向上的分布

2. 参数敏感性分析

为了更清楚地理解贻贝的空间斑图模式，需要分析模型(5.4)中各个参数对贻贝和藻类空间平均密度的影响程度①。由于在数值模拟过程中发现，参数 γ、θ、δ 和 d_3 对贻贝空间斑图的形成影响较小，因此在此分析中不考虑这 4 个参数的作用。首先，粗略地分析非局部捕食效应 ξ、藻类的扩散速率 d_1 和贻贝的扩散速率 d_2 对两个种群空间平均密度的影响。其具体方法是在固定其余参数的情况下，连续改变某一参数的值，并观察种群的空间平均密度是否发生变化。若发生变化，则说明该参数对种群密度敏感，反之，则认为该参数对种群密度不敏感。其次，采用 Ingalls 提出的局部敏感性分析理论，来量化参数对种群空间平均密度的敏感性[10]。具体来说，局部敏感性系数(S_{local})被定义为

$$S_{\text{local}} = \frac{P/\Delta P}{R/\Delta R}$$

其中，P 和 R 分别表示参数和种群的空间平均密度；ΔP 和 ΔR 分别表示参数和种

① 为方便讨论，以下不再严格区分贻贝的密度和藻类的浓度，统一讨论其空间平均密度。

群的空间平均密度的微小改变量。若 $S_{local}<0$ 表示参数值与空间平均密度呈负相关;若为正值,则表示正相关。进一步规定[11]:若 $|S_{local}|\leqslant 1$ 表征该参数是低敏感的;若 $1<|S_{local}|<2$ 表征该参数是中等敏感的;若 $|S_{local}|\geqslant 2$,则表征该参数是高敏感的。

图 5.4(a)展示了随着参数 d_1 的增加,贻贝的空间平均密度迅速上升,而藻类的空间平均密度则逐渐下降。同时,两个种群的密度差急剧扩大,产生这一现象的可能原因是藻类种群的扩散加速,使得贻贝能够捕食更多的藻类,从而促进了贻贝种群的增长,但同时抑制了藻类种群的生长,并扩大了二者之间的密度差。图 5.4(b)展示了随着参数 d_2 的增加,贻贝的空间平均密度先快速下降,随后又上升,然后再次下降。与此相对,藻类的变化幅度相对平缓,并呈现出与贻贝相反的变化趋势。二者的密度差先逐渐缩小,然后扩大反弹,最后再缩小。产生这一现象的可能原因是贻贝种群的扩散速率增加,导致贻贝捕食藻类的能力下降,从而使得更多的藻类得以幸存。然而,当贻贝种群的扩散速率达到一定程度时,藻类浓度增加使得贻贝捕食藻类变得更加容易,进而促使贻贝的密度上升。之后,随着贻贝密度的增加,藻类浓度减小,捕食藻类变得更加困难,这使得贻贝的密度再次下降,最终导致藻类浓度的回升。

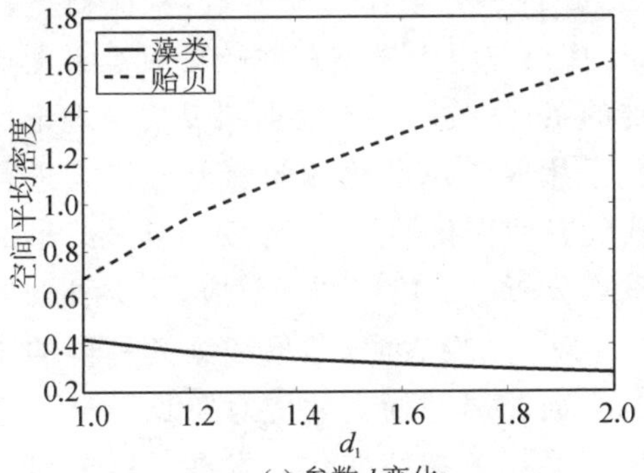

(a) 参数d_1变化

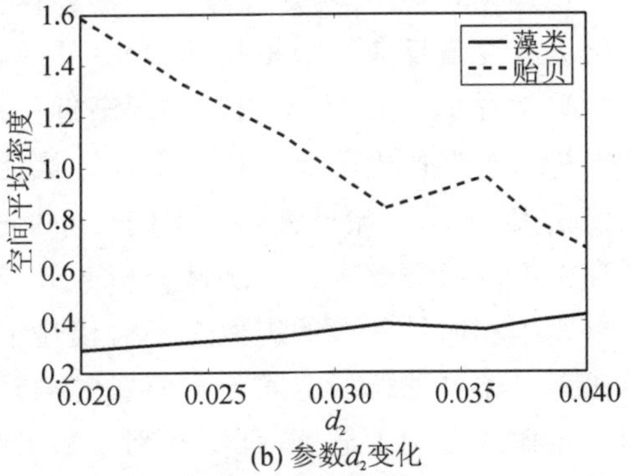

(b) 参数d_2变化

图 5.4 贻贝和藻类的空间平均密度随 d_1 和 d_2 变化的情况

由图 5.5(a)可知,贻贝的空间平均密度与非局部捕食效应 ξ 和藻类种群的扩散速率 d_1 呈正相关关系,而与其自身的扩散速率 d_2 呈负相关关系,且这两种扩散速率参数均为中等敏感参数,而非局部捕食效应为低等敏感参数。从图 5.5(b)中可以看出,藻类的空间平均密度与贻贝种群的扩散速率呈正相关关系,而与其他两个参数呈负相关关系,并且对这三个参数都表现出低等敏感性。这一结果表明,两种群的扩散速率对贻贝种群的空间分布模式有显著影响,而非局部捕食效应对贻贝种群的空间分布模式影响较小。这也从另一个角度说明,如果人为干扰了贻贝或者藻类的运动规律,可能会改变贻贝种群的空间斑图结构,从而破坏海岸带生态系统的稳健发展。

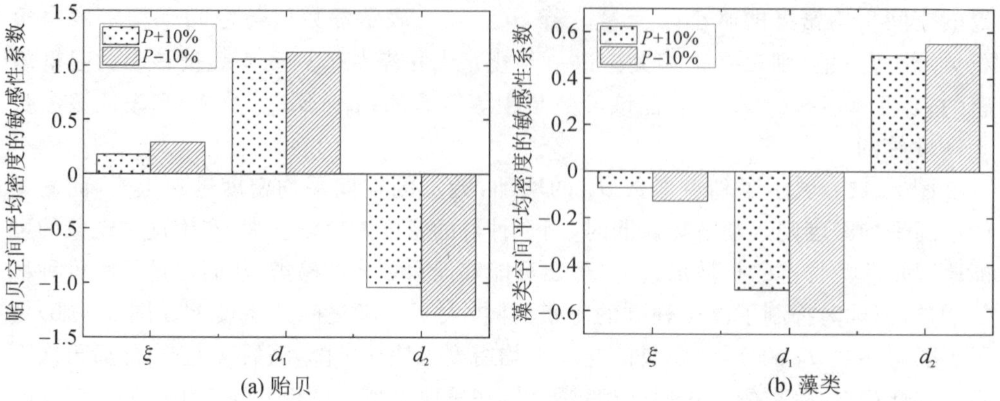

图 5.5 贻贝和藻类的空间平均密度在参数改变±10%时的参数敏感性分析

本章研究了海岸带生态系统中贻贝种群空间分布模式的变化规律。基于贻贝生物量在空间中某一位置的增加来源于其他位置的贻贝移动及其对藻类的捕食作用,构建了具有非局部捕食效应的藻类-贻贝模型。为了便于分析所构建模型的图灵失稳理论,一般先考虑特殊形式的核函数,并将积分项作为新变量,从而模型被转化为三变量反应扩散模型(5.4)。然后,计算出非空间模型存在贻贝灭绝平衡点和贻贝生存平衡点,并给出其局部渐近稳定的条件。进一步,根据图灵失稳理论推导出扩散模型产生图灵失稳的条件。最后,采用时空离散化和向前差分格式进行数值模拟,展示了贻贝种群的空间分布模式随时间变化的规律,并发现其最终形成了高密度点状斑图。在敏感性分析部分,重点分析了非局部捕食效应、藻类种群的扩散速率和贻贝种群的扩散速率对模型的影响。结果表明,贻贝和藻类种群的扩散速率对贻贝种群的空间分布模式影响较大,而非局部捕食效应对贻贝种群的空间分布模式影响不显著,且更有利于贻贝生态系统的持续变化和发展。这些研究为海岸带生态系统资源的合理开发与维持提供了理论支持,同时也丰富了反应扩散方程的图灵失稳理论。

参考文献

[1] KOPPEL J D, RIETKERK M, DANKERS N, et al. Scale-dependent feedback and regular spatial patterns in young mussel beds[J]. The American naturalist, 2005, 165(3): 66－77.

[2] WANG R H, LIU Q X, SUN G Q, et al. Nonlinear dynamic and pattern bifurcations in a model for spatial patterns in young mussel beds[J]. Journal of the royal society interface, 2009, 6(37): 705－718.

[3] LIU Q X, HERMAN P M J, MOOIJ W M, et al. Pattern formation at

multiple spatial scales drives the resilience of mussel bed ecosystems[J/OL]. Nature communications, 2014, 5(1): 6234[2024-11-10]. https://www.nature.com/articles/ncomms6234. DOI: 10.1038/ncomms6234.

[4] CANGELOSI R A, WOLLKIND D J, KEALY-DICHONE B J, et al. Nonlinear stability analyses of Turing patterns for a mussel-algae model[J]. Journal of mathematical biology, 2015, 70(6): 1249-1294.

[5] SONG Y, JIANG H, LIU Q X, et al. Spatiotemporal dynamics of the diffusive mussel-algae model near Turing-Hopf bifurcation[J]. SIAM journal on applied dynamical systems, 2017, 16(4): 2030-2062.

[6] SHEN Z, WEI J. Spatiotemporal patterns in a delayed reaction-diffusion mussel-algae model[J/OL]. International journal of bifurcation and chaos, 2019,29(12):1950164[2024-11-10]. https://www.worldscientific.com/doi/abs/10.1142/S0218127419501645. DOI: 10.1142/S0218127419501645.

[7] 李静，孙桂全. 具有非局部捕食效应的藻类-贻贝系统空间分布模式研究[J]. 工程数学学报，2021，38(5)：662-678.

[8] YANG G, XU J. Analysis of spatiotemporal patterns in a single species reaction-diffusion model with spatiotemporal delay[J]. Nonlinear analysis: real world applications, 2015, 22: 54-65.

[9] 马知恩，周义仓. 常微分方程定性与稳定性方法[M]. 北京：科学出版社，2001.

[10] INGALLS B. Sensitivity analysis: from model parameters to system behaviour[J]. Essays in Biochemistry, 2008, 45: 177-194.

[11] 牛帅，孙小强，祁宏. 改进双钙库模型的分岔分析[J]. 中山大学学报(自然科学版)，2018，57(5)：132-139.